植物根系动态固土护坡研究

王云琦　朱锦奇　王玉杰　著

科学出版社

北京

内 容 简 介

在生态文明建设国家战略驱动下，边坡治理工程正经历从刚性支护向生态-工程协同治理的范式转型。尽管植被护坡技术因兼具生态效益与景观功能而备受青睐，但在实施过程中却面临着护坡效能难以长期评估的难题。本书聚焦全球气候变化与人类活动加剧背景下山地灾害防治的迫切需求，以植被护坡技术的科学瓶颈为切入点，系统构建根系动态固土的理论体系与技术方法。通过一系列的室内外试验和数值模拟，深入分析不同植被根系的生物力学特性及固土效益，首次阐明植被生长–衰亡动态过程对边坡稳定性的时变效应。同时，结合降雨不同工况对边坡安全系数进行精准测算和全面分析。

本书可供水土保持、土木工程、生态工程等专业高等院校师生参考阅读，同时也为从事生态修复的工程技术人员提供理论支撑与实践指导。

图书在版编目（CIP）数据

植物根系动态固土护坡研究 / 王云琦，朱锦奇，王玉杰著. -- 北京 : 科学出版社，2025. 6. -- ISBN 978-7-03-081358-9

Ⅰ. Q944. 54

中国国家版本馆 CIP 数据核字第 202593JR34 号

责任编辑：董 墨 谢婉蓉 赵晶雪 / 责任校对：郝甜甜
责任印制：徐晓晨 / 封面设计：无极书装

科 学 出 版 社 出版

北京东黄城根北街 16 号
邮政编码：100717
http://www.sciencep.com

北京九州迅驰传媒文化有限公司印刷
科学出版社发行　　各地新华书店经销
*
2025 年 6 月第 一 版　　开本：787×1092 1/16
2025 年 6 月第一次印刷　　印张：11 1/4
字数：264 000
定价：138.00 元
（如有印装质量问题，我社负责调换）

本书作者名单

主　　笔：王云琦　朱锦奇　王玉杰

副 主 笔：郑培龙　刘　勇　李云鹏　齐　娜　李耀明

其他作者：王鑫皓　李亦璞　徐　辉　李　成　马　磊

　　　　　李满意　李　书　赵冰清　孙素琪　张紫优

　　　　　雷声坤　赵　辉　刘尧兰　刘　敏　王　锐

　　　　　周利军　格桑旺堆　祁子寒　李　通

　　　　　王佳妮　付　婧

平台支撑

国家林草局重庆缙云山三峡库区森林生态系统国家定位监测站

水利部重庆市北碚区缙云山三峡库区水力侵蚀观测站

教育部野外科学观测站重庆三峡库区森林生态系统野外科学观测站

自然资源部重庆典型矿区生态修复野外科学观测研究站

重庆市万盛矿区生态保护修复野外科学观测研究站

南昌大学流域碳中和教育部工程研究中心

项目资助

"十四五"国家重点研发计划"生态保护带人工防护林结构近自然改造与水土保持功能提升技术与示范"（2023YFF1305201）

国家自然科学基金青年科学基金项目"植物根系生长动态力学和水文固土护坡耦合机理研究"（3220140377）

国家自然科学基金项目"降雨条件下植物根系动态固土护坡效应研究"（31971726）

前　　言

我国是典型的山地国家，山地丘陵面积约占国土面积的 64.04%，其中约 12% 的陆地国土处于地质灾害高风险区。在气候变化加剧与人类活动增强的双重影响下，山地灾害风险显著提升。据自然资源部统计，2020～2022 年间全国共发生滑坡灾害 11064 起，严重威胁着人们的生命和财产安全。其中，降雨诱发的浅层滑坡发生频率高，其失稳机制呈现地形条件、岩土体力学特性、植被根系固持效应与降雨入渗的动态耦合特征，导致传统工程治理模式面临生态效益与工程稳定性难以协同的困境。

植被护坡技术因其兼具生态修复与力学加固的双重功能，已成为国际岩土工程领域的研究热点。植物根系通过生物力学锚固与水文调控的协同效应，显著提升边坡稳定性。然而，该技术的工程化应用仍受制于三大科学瓶颈：①根系–土体界面多尺度力学响应的动态表征缺失；②植被生长–衰亡周期与边坡生命周期的时空匹配机制不清；③降雨入渗–干湿循环–根系演替等多场景耦合作用下的边坡稳定性评估方法尚未体系化。尽管现有研究已尝试建立根土复合体强度准则，但由于力学、生物化学、水文学等跨学科理论融合不足、原位监测技术滞后及动态模型缺失，植被护坡设计长期依赖经验参数，工程失效案例占比高达 22.0%。

基于以上背景，《植物根系动态固土护坡研究》应运而生。全书共设 9 章，形成"研究意义–机理探索–模型创新–工况模拟"的全链条研究体系。第 1 章介绍根系的一些基本形态特征，例如根长、分布角度等；第 2 章系统介绍根系的化学组成特征和力学特征，并介绍其相互影响关系；第 3 章介绍根系的空间分布特征对其固土作用的影响，并建立根系形态分类体系；第 4 章介绍植物根土的相互作用关系和静态固土模型；第 5 章提出根系固土作用的动态量化模型，揭示根系生长和衰亡两个过程的固土护坡强度变化规律；第 6～9 章通过数值模拟和实验验证，深入分析边坡在不同降雨工况下的稳定性变化规律。本书为区域的边坡生态加固与修复提供理论支撑和技术参考，旨在推动植被护坡技术的发展和应用，助力我国生态修复事业的高质量发展。

本书在撰写过程中参阅了大量国内外相关文献和资料，在此，特向其作者深表感谢。由于笔者对问题的理解深度及所掌握的文献资料有限，书中难免存在疏漏及不足之处，敬请读者指正。

作　者
2024 年 10 月

目　　录

第1章 根系形态特征

根系的形态特征很大程度上决定着根系整体在土壤加固作用中的表现，因此对于根系形态的研究也更为深入和具体。对根系形态进行研究的过程中，能够代表根系形态特征的指标一般为根系长度、根系分枝类型、单位面积含根量、根系倾斜角度以及根系结构类型等。

不同类型的植物根系往往具有不同延伸水平的生长距离和垂直生长距离，生长在地下的植物根系有着 3D 立体的结构，不仅存在根系粗细的差别，还存在着分枝角度、分枝节点数量、延展深度以及宽度的拓扑学结构（Gregory，2006）。这些根系的拓扑学结构在之前的研究中，包含根系的尺寸特征（根系体积、直径、长度、深度、密度和水平伸展距离等）（Smit et al.，2000；Böhm，2012；Coutts，1983）、群根的结构特征（分枝角度、分枝节点数量、分枝密度、拓扑深度和根系分配直径等）（Fitter，1987；Oppelt et al.，2001；van Noordwijk et al.，1994）、根系密度特征（根面积比、根重密度和根长密度等）（Gray and Barker，2004；Gyssels et al.，2005；Smit et al.，2000）。在以上所有提到的根系生物量特征参数中，只有少数的几个参数被广泛使用，特别是在根系固土效果的计算中，更多使用的还是根系密度特征的参数（Abe and Ziemer，1991；Gray and Sotir，1996）。其中有些参数几乎还没有被使用过，但其作用依然不可忽视。

根系生物量的相关指标受植物类型、土壤条件以及气候条件等因素影响。不同植物类型以及相同植物不同生长时期的根系所能达到的生长范围和深度都不相同。根系的生物量特征决定了根系对土壤的加固效果和对土壤质地的改造强度，因此在不同作用下对根系生物量特征的描述指标的计算和选择就显得尤其重要。根系生物量的研究中一般选择的指标有：根面积比（root area ratio，RAR），即穿过土壤某一平面的单位面积的根系横截面积；根重密度（root density），即单位土壤质量的根系的质量；根长密度（root length density，RLD），即单位体积土壤内根系的总长度等。计算植物固土效果的不同方式时，为更准确地量化其效果，应选择不同的指标对其生物量特征进行描述。其中，计算植物根系固土效果时，较多地使用根面积比作为根系生物量的参数（Abe and Ziemer，1991；Gray and Megahan，1981；Waldron，1977）。

1.1 根 系 长 度

生长在地下的植物根系往往能够延伸到土壤中的很大范围，决定根系在土壤中的生长范围的指标主要为根系的水平生长距离和垂直生长距离。根系的水平生长距离和垂直生长距离受到很多因素的制约，其中最为重要的是植物种类、土壤条件以及气候条件。

姜志强和孙树林（2004）研究发现，不同植物种类的根系在生长过程中所表现出的特性存在差异，表现在根系的生长深度和生长范围，通常将其称为深根系植物和浅根系植物。深根系植物存在较粗的根系，通常可以伸入很深的土壤中。由于较深根系植物的存在，土壤的渗透性能增强，降低了坡面径流量，从而减少了坡面水土流失，保证了坡面的稳定。而浅根系植物虽然在土壤中埋深较浅，但是其浅层土壤的含根量要明显大于深根系植物，含根量的增加带来的是土壤黏聚力的增大，导致土壤抵抗剪切破坏的能力增强，土体更不容易被破坏。

George 等（1997）研究发现，土壤条件也是影响根系生长的一个重要因素，土壤中水肥条件的好坏直接决定着植物根系的生长。土壤温度可以影响根系对水分和矿质元素的吸收以及呼吸速率等生理过程，而林木生长也需要适宜的土壤水分及通气条件。除此之外，土壤中矿质元素的含量也会对根系生长产生影响。Coleman 等（1992）得出土壤中 Al^{3+} 的存在会影响根尖对钙、镁等矿质元素的吸收，进而影响根冠生长的结论。刘剑锋等（2009）发现土壤中 Fe^{2+} 含量的增加能够促进根系对土壤中其他矿质元素的吸收，从而增强土壤中还原酶的活性。而土壤中不同氮碳含量比例会使得根系在生长过程中表现出不同的生长模式，土壤中氮含量减少会促进细根的增长，但会促进一级侧根分枝。

气候因素对植物根系生长的影响主要体现在降水和温度两个方面，在水涝条件下，由于根系缺氧，根系活力下降，根系对养分的吸收能力降低，进而影响根系的生长。而水分缺乏或达到永久萎蔫含水量时会导致根系生长减慢或停止，根系栓质化并进入高度休眠状态。由于在自然条件下根冠生长所需要的温度是时刻变化的，因此在寒冷地区根系的生长可能存在一个较长的冬眠期。当夏季来临时，由低温造成的土壤中水和原生质的黏性过大，根系如果没有在较短的时间内恢复活性，就会导致根系的生长延后，继而造成根系形态和生理特征发生改变；并且不同植物根系生长所需的最适温度也会随着种植位置的不同而产生很大差异，植物生长呈现区域性特征。

1.2 根系分布角度类型

根系分布角度的分类方式多样，宋朝枢等（1964）综合根系的着生部位以及根系在土壤中的倾斜角度，将根系划分为直根、支柱根、水平支柱根和垂直支柱根四类。向师庆和赵相华（1981）根据根的着生部位及其在土壤中的伸展情况，又将根系分为水平根、主根、副主根、下垂根、斜根、心状根和根基七类。而后更多的学者将根系类型分得更为精细，根系类型可分为根砧、直根、侧直根、水平根、斜生细蔓根、内膛根、垂直根、腐殖质竞争根和吸收根九类。国外比较认可的是 Strong 和 Roi（1983）对根系类型的划分方法，他们将根系划分为直根、侧根、内膛根以及吸收根四类。

考虑到林木根系在坡体稳定中所起到的作用，更多学者根据根系在土壤中生长的倾斜角度不同，从形态学角度出发，将生长在一株植物上的根系按照倾斜角度的不同大致分为以下三种（图1.1）：水平根，特指水平方向生长的根系，一般由与树干直接相连的主根分枝产生；垂直根，特指垂直向下生长的粗根，对于大多数植物，垂直根是唯一的；倾斜根，特指在土壤中倾斜生长的根系，倾斜根系有的从主根上分枝产生，有的从水平根上分枝产生，但一般根系直径较小，根系数量较多。

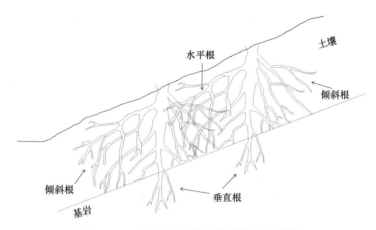

图 1.1 三种不同根系类型稳固坡体示意图

三种根系分布角度类型在边坡稳定中所起到的作用不同，一般来说，含有较多垂直根系的植物，其根系能够穿过潜在的剪切滑动面，进而在发生剪切破坏时抵抗滑动面的滑移。而 Schwarz 等（2010a）发现相比于含有较少粗根或者垂直根的土体，其抗剪强度虽然有所提高，但明显弱于有较多倾斜根的土体。而沿着水平生长的水平根，在植物种植密度较大的林地内，其根系相互联结形成网状结构，在发生滑坡等山地灾害时，其形成的网状结构能够很好地抵抗土体的崩坏，甚至在一些地区，植物与植物间的土壤已经崩坏消失，但水平根形成的巨大网状结构维持着坡面的稳定。在发生剪切破坏过程中，由于根系的倾斜角度不同，发挥作用的根系有效面积以及受力角度会产生很大差异，因此不同倾斜角度的根系在生长过程中扮演不同的角色，共同抵抗浅层滑坡的发生。

1.3 含 根 量

土壤中根系的含量直接影响着根土复合体的抗剪能力，根系在土壤中的含根量随着土壤深度的增加而减少。尽管有的研究表明一些根系的埋深可以达到几米甚至几十米，但是绝大多数情况下，有效根系的分布仅为 1～3 m，80% 的根系存在于 60 cm 深度的土层内，因此可以说根系的固土效果仅限于浅层滑坡情况。在发生浅层滑坡的过程中，处于滑动面上的截面积的含根量直接影响着坡体的滑移性能。单位面积内含根量越大，其抵抗滑移的能力越强，而在 0～60 cm 土壤深度，根土复合体的抗剪能力也随着土壤深度的增加而减少，主要是因为含根量的减少。

除此之外，与平行于剪切面的根系相比，垂直于剪切面的根系一般在剪切破坏过程中被拔出，此时土壤不再发挥剪切强度，破坏力主要作用于根系强度以及根系与土壤间原始的摩擦力。在单位面积内根面积比相同的情况下，含根量越多，根系的直径越小，根表面积越大；而当含根量增多时，大直径根系存在于破坏面上，带来更强的拔出强度，而根表面积的减少直接导致根系与土壤间的原始摩擦力减小，但相对于根系直径增加带来的拔出强度，其减小的作用微乎其微。

土壤中含根量增加的影响还体现在对土壤颗粒的吸附上，一些胶状土壤颗粒极易附着在根系四周，它们与根系间的作用力有时要比剪切破坏力强很多，当发生土体的剪切破坏时，即使根系已经裸露在剪切面外，附着在根系上的土壤颗粒依然存在。当剪切破坏作用消失时，这些附着在根系上的土壤颗粒形成致密的蓬松结构，当其他土壤颗粒运动到此时，就会团聚成更大的土壤结构，崩坏的土体也就更容易恢复。

1.4　根系分枝类型

根系的分枝类型一般指同一植物根系中不同类型根在生长介质中的平面造型和分布。根系分枝类型既是一个空间概念也是一个时间概念，不同类型的植物根系在生长过程中受到环境以及自身的影响，其根系分枝类型会产生很大差异。由于在现实中描述根系分枝类型存在很大困难，因此一般采用软件模拟手段构建植物根系的生长模型，以探讨根系分枝类型的差异。

目前较为流行的模拟植物根系生长的为 L 系统，其本质是用一种字符重写系统，通过植物根系生长过程经验公式的抽象表达，进而展现出植物的拓扑结构。由于植物根系根轴之间的连接是通过根系拓扑学参数来表达的，其不会受到根轴自身转向或畸变的影响，因此一般将根系分枝类型分为三类（图1.2）：鲱鱼型、二分枝型和二分枝鲱鱼型。鲱鱼型根系结构特点表现为主根上的侧根仅发生一次分枝，侧根无分枝；二分枝型根系结构表现为主根上的根系存在二次分枝，但分枝数量较少；二分枝鲱鱼型根系则表现为鲱鱼型和二分枝型综合的特点，即主根和侧根都存在鲱鱼型分枝。评价根系固土的效果时，确定了根系的分枝类型后，描述根系分枝类型的主要参数（如根系数量、根系分枝夹角以及根系长度等）就可以粗略推断出来，进而可以量化表达含有不同根系分枝类型的根系对土体的稳固作用。

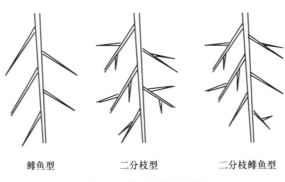

鲱鱼型　　　　　二分枝型　　　　二分枝鲱鱼型

图 1.2　根系分枝类型图

1.5　根系结构类型

由于受到生长环境和树种的影响，植物根系结构类型往往存在很大差异。根系在土壤中的空间分布随着其生长而逐渐表现出一定的规律。Wilde（1958）最早对根系生长的空间规律进行了总结，他将植物根系分成三种类型，分别为扁平板根型（plate root type）、团网状根型（heart root type）以及主根型（tap root type）。在这基础之上，很多学者根据研究区域的地质地貌特征又对根系进行了其他的分类。Burylo 等（2011）给出了另外一套分类标准，他按照根系结构中水平根系、倾斜根系以及垂直根系的比例将根系结构类型分为三类（图 1.3）：水平根系为主的主根型（tap-like root system with a vigorous central vertical root and few fine laterals）、粗壮垂直根系为主的主根型（tap-like root system with an identifiable larger central root and many thinner laterals）以及细根为主的心根型（Heart root system with many fibrous roots）。

图 1.3　根系结构类型示意图（Burylo et al.，2011）

第2章　根系生物力学特征

2.1　根系化学组成特征

植物根系的强度对植物根系的固土效能起着重要的作用，Crook 和 Ennos（1996）称存在 75%的根系在土壤破坏时发挥了抗拉特性来固定土壤，并随着土壤的破坏而被拉断。植物根系的强度受植物种类、根系的直径、根系的长度、根系的含水量、植物的生长和死亡的不同时期等因素的影响，而对植物根系化学组成的研究，可以揭示其内在的影响机制。

植物根系的主要成分有三种，分别是：纤维素、半纤维素和木质素。纤维素是一种葡萄糖的线性聚合物，通常具有扁平的带状结构，也是植物细胞壁的组成中含量最高的一种多糖。半纤维素具有一种不规则的非晶结构，导致其强度小，其含量的高低主要表现在抗扭转的强度。木质素是细胞壁中除了纤维素外第二丰富的化学成分，其通过共价和非共价的相互作用与细胞壁多糖结合形成木质素多糖复合物，以此保证细胞壁的结构完整性。木质素对植物木质结构部分的结构支撑和刚度具有至关重要的作用。植物根系的各类化学成分的含量决定了细胞壁和细胞的形态与大小，并最终决定了根系的形态和根系的强度。而细胞壁的孔隙中，主要由木质素填充了纤维素、半纤维素和果胶成分之间的孔隙，可以有效提高细胞壁的机械强度。

朱锦奇等（2014）为研究不同植物根系主成分含量的差异对根系抗拉强度与根系固土效果的影响，选取了北方山区常见植物种油松和元宝槭两种植物的根系进行试验，通过研究油松、元宝槭两种植物根系中纤维素、半纤维素与木质素的含量，分析其与植物根系直径的关系，揭示植物根系抗拉强度变化的原因。植物根系取得地位于北京鹫峰国家森林公园，地理坐标为东经 116°28′，北纬 39°54′，为华北暖温带半湿润半干旱大陆性气候，年平均气温 12.2℃，年平均降水量 700 mm，多集中在 7～9 月。

2.1.1　材料与方法

1. 试验材料

1）根系采集

为了最大限度地减小植物之间立地条件造成的相互影响，选择样本时尽量选择周围 300 cm 范围内无其他乔木生长且植物根系生长良好的区域。由于试验所用根系样本需要完整地放入直剪盒内，因此为了减小所选树种间的生长差异，应选取地上直径为 20 mm 左右的幼树，并且保证所有样本尽可能分布在同一区域内。采取人工挖掘的方式进行采掘可以避免根系机械损伤，最大限度地保证根系的整体结构，开挖深度为 600 mm。挖出植物根系后，从不同直径的树根中随机选取生长正常、无病虫害、茎秆通直均匀的新鲜活根系，用刷子去除根系表面土壤，放入装满土样的密封袋内，带回实验室后，尽快进行试验，以保证根系材料的活性。

2）土壤样品制备

在试验样地内，取 200～300 m 土层的原状土，并测定土壤含水量。通过小盒直剪试验测定原状土黏聚力和内摩擦角，并用电子天平测定土壤质量来计算土壤密度。测定结果见表 2.1。

表 2.1　土样物理性质

土壤密度/（kg/cm^3）	含水率/%	紧实度/kPa	黏聚力/kPa	内摩擦角/（°）
1.65×10^3	20.8	71	18.4	20.7

2. 根系各组分含量的测定

（1）纤维素的测定。纤维素为 β-葡萄糖残基组成的多糖，在酸性条件下加热能分解成 β-葡萄糖。β-葡萄糖在强酸作用下，可脱水生成 β-糠醛类化合物。β-糠醛类化合物与蒽酮脱水缩合，生成黄色的糠醛衍生物。颜色的深浅可间接定量测定纤维素含量。

（2）木质素的测定。木质素的测定原理是除去浓硫酸水解试样中的非木质素部分，剩下的残渣即为木质素。

（3）半纤维素的测定。采用间接测定法测定综纤维素的含量，再减去纤维素的含量，即为半纤维素的含量。

2.1.2　根系主要成分与抗拉强度的关系

纤维素是植物细胞壁最重要的组成成分之一。平行排列的纤维素分子链之间和链内均有大量氢键，使之具有晶体性质，有高度的稳定性和抗化学降解的能力。纤维素含量的多少，关系到植物细胞机械组织发达与否，因而影响植物根系的强度，进而影响植物根系固土的效果。

由表 2.2 可知，油松根系与元宝槭根系的平均纤维素含量分别为 52.65%和 46.42%。元宝槭根系纤维素含量小于油松根系（图 2.1）。两种植物根系的纤维素含量都与根系直径呈负相关关系，植物根系的纤维素含量随着植物直径的增加而减小，而且两种植物减小趋势类似。植物根系的直径为 0.1～7.0 mm，无论是油松根系还是元宝槭根系纤维素的含量，其与植物根系直径均存在显著一阶线性关系，而植物根系抗拉强度随着根系纤维素含量的增加而显著增加。油松根系抗拉强度值为 12.38～17.27 MPa，元宝槭根系为 11.38～15.17 MPa。当根系直径小于 3 mm 时，油松根系抗拉强度高于元宝槭根系，而在根系直径越大的情况下，两种树种根系的抗拉强度将越接近。Bischetti 等（2005）对植物细根进行了进一步研究，发现植物根系抗拉强度最大值出现在 0.2～0.5mm。对该范围内植物进行根系纤维素含量测定发现，该径级内的植物根系纤维素含量最高可达到90%以上。

表 2.2　油松、元宝槭根系各主要成分的平均含量

树种	纤维素含量/%	木质素含量/%	半纤维素含量/%	其他/%
油松	52.65	28.12	12.08	71.15
元宝槭	46.42	26.38	13.8	13.4

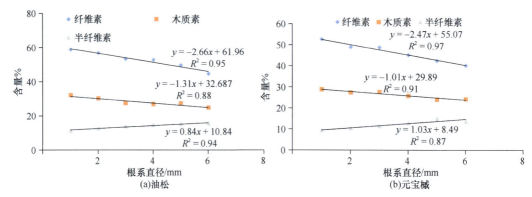

图 2.1　油松、元宝槭根系直径与各主要成分含量的关系

半纤维素是指在植物细胞壁中与纤维素共生，可溶于碱溶液，遇酸后远较纤维素易于水解的那部分植物多糖。其具有亲水性能，造成细胞壁的润胀，可赋予根系纤维弹性。植物根系中的半纤维素含量相对于纤维素含量与木质素含量是非常低的，在测定植物根系抗拉强度时，半纤维素含量的上升对植物根系抗拉强度不能产生明显作用。Archer（1987）和 Sjöström（1981）研究发现植物根系主要强度体现在根系受到拉伸变形时恢复的能力，但不能提高植物的抗扭曲破坏特性。

木质素是苯丙烷类结构单元构成的三维网状聚酚高分子化合物，尤其是在木本植物中，木质素是木质部细胞壁的主要成分之一。在木材中，木质素作为一种填充和黏结物质，在木材细胞中以物理或化学的方式使纤维素之间黏结和加固，增强木材的机械强度。油松与元宝槭植物根系的木质素含量分别为 28.12%和 26.38%（表 2.2）。油松与元宝槭木质素含量都随直径的增大而减小（图 2.1）。在使用 SPSS 软件对比分析后发现，对于提升根系抗拉强度而言，植物根系木质素含量的升高比纤维素含量的升高更加显著。Hathaway 和 Penny（1975）对植物根系抗拉强度与木质素含量的研究中发现，植物根系木质素含量对植物根系的抗拉强度有十分显著的影响，特别是在植物根系含水量比较高的情况下。植物中纤维素含量与半纤维素含量之和为植物根系综纤维素含量，油松与元宝槭植物根系综纤维素含量分别为 64.73%和 60.22%。以往研究证实不同植物类型的根系纤维素含量不同，且本试验的研究结果与以往研究的综纤维素含量在同一范围内。Chiatante 等（2002）研究发现，综纤维素含量平均值为 65%，Hathaway 和 Penny（1975）对杨柳科的 6 种植物根系进行研究发现，植物根系的平均综纤维素含量为 72%。植物综纤维素含量与植物根系抗拉强度之间有十分重要的联系，对于不同物种，植物综纤维素

含量的差异性很大。

当根系直径发生变化时，根系的各组分含量都随之发生变化。在该次试验中，根系中纤维素与木质素的含量都随着根系直径的增加而减少，而根系中半纤维素含量随着根系直径的增加而增加（图 2.1）。为使试验结果尽量准确，不同径级的植物根系选择同一条根系上的不同分枝。由于无法判断植物根系处于幼年期还是成年期（无法通过根系的直径来判断植物根系的成熟程度），所以在研究中，我们无法根据植物根系各个成熟阶段的成分含量来分析植物根系抗拉特性，这将是以后研究的重点。

如图 2.2 所示，油松、元宝槭植物根系抗拉强度与其各主成分含量均呈线性关系。植物纤维素含量与木质素含量的增加使植物根系抗拉强度急剧增加，而植物根系半纤维素含量的上升使得植物根系抗拉强度显著减小。这主要是由于在植物组织中，木质素作为一种填充和黏结物质，在植物细胞中以物理或化学的方式使纤维素之间黏结和加固，增强了植物组织的机械强度。

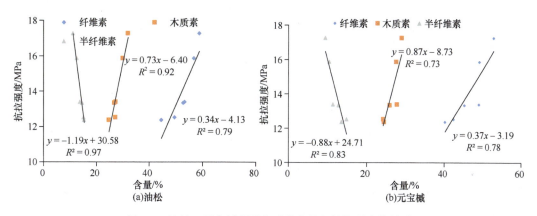

图 2.2　油松、元宝槭根系主成分含量与抗拉强度的关系

2.2　根系力学特征

根系的力学特性是指根系的抗拉强度和拔出强度。抗拉强度主要为根系自身特性的体现；拔出强度为埋在土壤中的根系抵抗拔出力时的表现，是根土复合作用的体现。通过对这两个特性进行研究，得到不同植物种类的单根抗拉特性以及单根拔出特性，为构建根土复合模型提供基本理论和数据支撑。

2.2.1　抗拉强度和杨氏模量

在通常状况下，土壤是一种不易被压缩破坏但易发生拉伸或者剪切破坏的材料，而根系则具有很好的塑性强度，在抵抗土壤的剪切破坏过程中，根系通过与土壤之间的摩擦力，将根系的抗拉强度传递到土壤中，最终提高土壤的抗剪强度。植物根系的抗拉强度是根系强度的重要参数之一，也是使用最广泛的根系力学参数。对于同一个植物种，不同的生长位置、不同的生长环境、海拔、温度、含水量和根龄等都会对植物根系的抗剪强度产生影响。虽然这些因素都将对植物根系的强度产生影响，但通常认为与根系强度关系最显著的是植物根系的直径。根系直径与根系的抗拉强度呈负相关关系，即植物根系直径越小，根系的抗拉强度越大。通常情况下，植物根系的抗拉强度被验证与植物根系的直径存在幂函数关系。但最近越来越多的研究提出了不同的意见，即并非所有物种根系直径与抗拉强度都为负相关的幂函数关系。

在部分树种根系抗拉强度的研究中发现，1～12mm 的根系抗拉强度值在 8～85 MPa，但其变化无明显规律，即和直径并无显著的关系。试验过程中植物根系的长度选择也会影响植物根系抗拉强度，即更长的根系样本使得其根系纤维中存在更弱的点的可能性增加，使得所测得的根系抗拉强度值更低。根系本身的含水量也会影响其本体的抗拉强度，通常通过将根系放置在烘箱中，在 105 ℃下烘 24 h 后，称重并计算根系含水量。Hales 和 Miniat（2017）发现植物根系的含水量对根系的抗拉强度起着决定性作用，根系在含水量低于 50%后，干燥根系的抗拉强度将是处于新鲜状态的样本的 2 倍。

使用万能试验机将根系的样品夹住后，将根拉断后即可得到植物根系的抗拉强度和杨氏模量（图 2.3）。测定根系抗拉强度的过程中，试验的成功率一直是困扰研究者的一个重要问题，其中，固定根系的夹具一直是影响试验成功率的一个重要因素，不同研究者针对夹具的选择和优化做了很多的工作，例如，Ammann 等（2009）使用环氧树脂将根系底部固定［图 2.3（a）］；de Baets 等（2008）在螺丝间放入橡胶条和细砂纸固定根系［图 2.3（b）］；Hales 等（2013）在根系和夹具间加入软木垫［图 2.3（c）］；Preti 和Giadrossich（2009）将根系缠绕在夹具上［图 2.3（d）］。还有些其他研究者利用其他方式来固定植物根系，如在夹根部分使用密封布来缠绕住根系的一端，起到保护根系与增强摩擦力的作用。而与之前研究不同的是，在 Tosi（2007）的研究中，植物根系的单柱式拉力测试机是在 Pollen 和 Simon（2005）的单根拉力测试装置的基础上，另外设计了一套可用于多根同时拉伸试验的装置，对根束的抗拉强度进行测试。

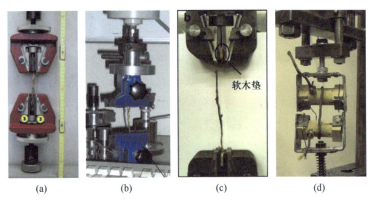

图 2.3　植物根系的拉断试验

为增加植物根与夹具之间的摩擦力，并减少植物根系被夹具破坏而导致试验失败，不同的学者对夹具进行了不同的改造

很多学者对植物根系抗拉强度的测定结果表明，不同物种间的抗拉强度存在较大的差异（表 2.3）。通常情况下，植物根系与根系直径被认为存在显著的负相关关系。为揭

示植物根系力学参数（抗拉强度）和直径间存在负相关关系的原因，研究者们试图从根系的微观结构特征和化学组成特征等多个角度对其原因进行分析。其中，针对多个乔木树种的根系微观结构特征的研究发现，木纤维的含量对根系的抗拉强度有着至关重要的影响。进一步的研究发现，木纤维尺寸、长度、厚度和韧皮部所占的百分比，都与根系的强度存在正向或负向的关系。而在朱锦奇等（2014）专门针对根系化学成分含量的研究中发现，在纤维素、半纤维素以及木质素三种根系的主要成分中，半纤维素的含量随根系直径的增加而降低，而纤维素和木质素的含量则随之增加，此时根系的抗拉强度降低。因此，在排除根系结构类型的作用前提下，植物根系的抗拉强度与纤维素、木质素含量呈正相关关系，而与半纤维素含量呈负相关关系。植物根系中纤维素含量和木质素含量是不同根系直径表现出不同抗拉强度的直接原因。另外，根系的生长期和环境的水分条件也可能对植物根系的抗拉强度产生影响。其中，姚喜军等（2015）对 5 种植物（柠条、沙地柏、沙柳、白沙蒿及沙棘）的抗拉强度研究表明，柠条、沙柳和白沙蒿分枝处的根系抗拉强度随着植物的生长而逐渐减弱，而随着土壤含水量的增加，根系本身的含水量也随之增加，进一步削弱了根系的抗拉强度。

表 2.3　部分不同物种的抗拉强度（Norris et al.，2008）

	文献	物种	抗拉强度 T/kPa
灌木	Mattia 等（2005）	（Atriplex halimus）地中海滨藜	57
	Mattia 等（2005）	（Pistacia lentiscus）乳香黄连木	55
	Greenwood 和 Norris（2004）	（Spartium junceum）鹰爪豆	17
	Greenwood 和 Norris（2004）	（Phillyrea latifolia）总序桂	11
乔木	Stokes 等（2009）	（Abies alba）欧洲冷杉	31
	Coppin 和 Richards（1990）	（Picea sitchensis）巨云杉	23
	Norris 等（2008）	（Pinus halepensis）叙利亚松	29、47
	Genet 等（2007）	（Pinus nigra）欧洲黑松	10~80
	Ziemer（1981）	（Pinus ponderosa）西黄松	10
	Genet 等（2007）	（Pinus pinaster）海岸松	10~132
	Norris 等（2008）	（Acer pseudoplatanus）紫欧亚槭	2
	Greenwood 和 Norris（2004）	（Alnus glutinosa）欧洲桤木	7
	Bischetti 等（2005）	（Alnus virida）绿桤木	20~92
	Bischetti 等（2005）	（Corylus avellana）欧榛	68~257
	O'Loughlin 和 Watson（1979）	（Nothofagus sp.）南青冈属	31
	Hathaway 和 Penny（1975）	（Populus yunnanensis）滇杨	41
	Greenwood 和 Norris（2004）	（Quercus coccifera）大红栎	13
	Greenwood 和 Norris（2004）	（Quercus pubescens）柔毛栎	7
	Coppin 和 Richards（1990）	（Robinia）（pseudoacacia）刺槐	68
	Bischetti 等（2005）	（Salix caprea）黄花柳	48~409
	Coppin 和 Richards（1990）	（Salix cinerea）灰柳	11

　　根系的抗拉强度曲线一般为根系直径与抗拉强度的关系，二者往往是呈现负幂函数的关系。曲线越陡，说明不同直径的根系其抗拉强度差异越大；曲线越贴近坐标轴则说明根系直径的变化对根系抗拉强度影响较小，而在直径的数值较小时，直径的微小变化则会导致一个很大的抗拉强度值出现。图 2.4～图 2.6 为 14 种植物的根系抗拉强度曲线，由图可知，14 种植物的根系直径与抗拉强度都存在负幂函数关系。在四种乔木根系中，幂指数值多大于−0.55，而灌木根系抗拉强度关系式指数多在−1～−0.3。仅有狗尾草、紫苜蓿和白车轴草草本根系抗拉强度关系式指数小于−1。指数值越小，则代表曲线越贴近坐标轴，因此在较小直径时，根系对抗拉强度的反应更敏感；而指数越大，则表现为较大直径根系的抗拉强度受直径变化的影响更为强烈。

　　对各根系抗拉强度关系式的系数进行分析可得，草本根系的系数多在 10～20，乔木根系的系数多分布在 20～80；灌木根系的分布范围最广，其中紫穗槐根系抗拉强度关系式中的系数值达到了 151.23。这说明仅从根系直径与抗拉强度关系上分析，草本植物根系直径变化对抗拉强度的影响较小，其次是乔木根系，最后是灌木根系。14 种植物根系的抗拉强度曲线由于物种的不同而存在明显差异，在其他对根系的研究中，抗拉强度曲线多作为评价一株植物的力学特性的参考，除了用于 Wu 模型的计算，其并没有过多地参与到根系固土效果的计算中。本书希望通过计算单根的抗拉强度，进而量化不同直径根系的抗拉强度，并最终评价整株植物（包括地上部分和地下部分）的护坡效果。

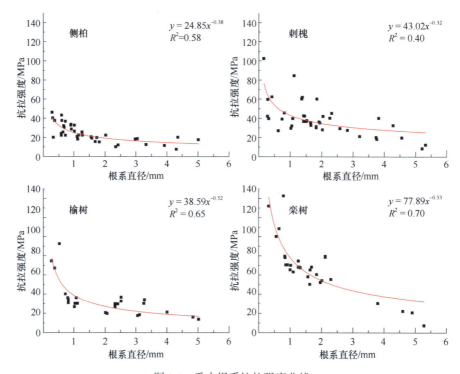

图 2.4　乔木根系抗拉强度曲线

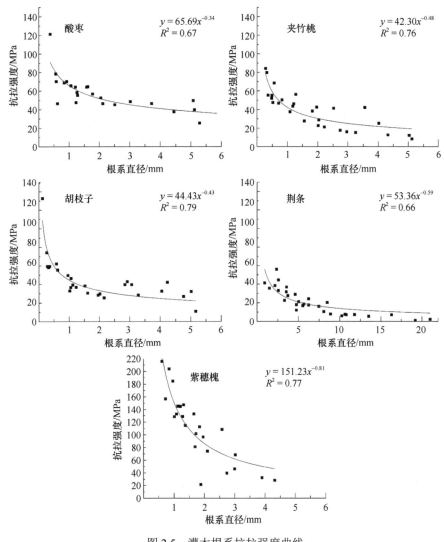

图 2.5　灌木根系抗拉强度曲线

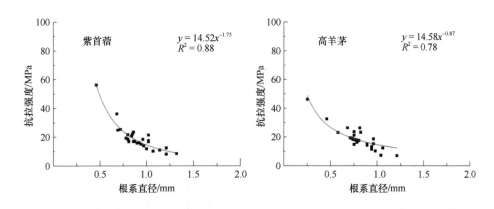

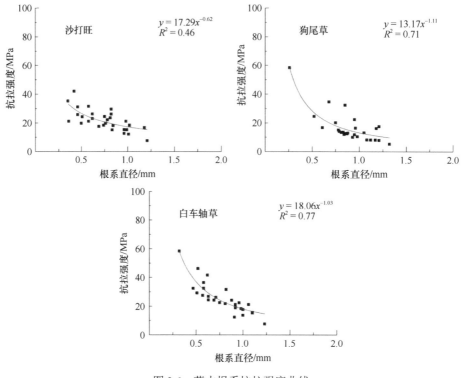

图 2.6　草本根系抗拉强度曲线

2.2.2　拔 出 强 度

　　植物根系通过与土壤的摩擦力，将植物根系的抗拉强度"传递"到土壤中，进而通过增强土壤此时抵抗剪切力的强度，增强土壤的稳定性。但因地下部分土壤与复杂根系界面接触状态的复杂性，土壤发生破坏时，并非所有的根系都处于完全拉紧的状态，无法完全发挥抗拉特性。即此时土壤与根系表面的摩擦力不足以使根系发生断裂，在此之前，根系已经发生了滑出破坏，因此在野外的调查中同样也发现，在失稳的边坡中存在很多根系并未发生断裂破坏。通常情况下，根系的拔出强度包括整根的拔出和单根的拔出测试。最早的根系拔出试验开展于 20 世纪 30 年代，最初较多地针对植物死亡后根系的特性而开展相关的研究。而后，更多的研究开始对新鲜状态的根系的拔出强度进行测试。根系的拔出试验属于野外非常难以开展的试验类型，主要原因是地下部分的根系错综复杂，在对整株进行拔出试验时，无法忽视旁边其他植物对拔出试验的影响。Norris 等（2008）和 Anderson 等（1989）的研究中，在植物的周围挖出土壤的剖面，小心地将植物的分枝根系从主根上切除，对剩下的根系进行拉伸试验。相类似的试验方法和装置在、Abernethy 和 Rutherfurd（2001）的研究中也可以看到。Schwarz 等（2011）开始对约 20 个根同时进行试验，相关的试验方法也可以参见 Giadrossich 等（2013）的研究，他们发现当对单独的根系施加拔出力时，根系有可能发生断裂或者拔出，并与根系的长度和表面的摩擦力有很大关系。当根系刚刚被施加拔出力时，即受力的初期，根系与土壤形成的整体将共同承担拔出力，而当拔出力持续增加，增加到根与土壤间的摩擦力小于拔出力，或者根系本身的强度小于拔出力时，根系发生位移或者被拉断破坏。

　　植物根系分枝的存在将对植物根的拔出强度产生显著的影响，Giadrossich 等（2013）的研究显示，存在分枝节点的根系比没有分枝节点的根系的拔出强度高约 50%，且分枝节点的交叉排列还能使根系的拔出强度变得更大。其中，根系的倾斜角度对根系的平均抗拉强度也有影响，但是平行的根系对拔出强度几乎没有影响，而交织排列的影响则较大。而在根系不存在分枝的情况下，倾斜的根系被拔出时，往往是先发生弯曲变形，然后才被拔出。因此，弹性模量较高的根系往往具有更高的拔出强度，进而提升对土壤的加固效果。根系的曲率、粗糙度、分枝节点数量都是影响植物根系拔出强度的重要因素。在植物的拔出破坏过程中，有分枝节点的根系，通常因为分枝节点处的力学特性，导致相对于其他部分，该部分更易发生破坏。

　　李云鹏等（2014）为了进一步探讨根系与土壤间的相互作用，采用野外根系拔出试验手段研究不同植物根系类型下根系拔出强度和根系特征指标的关系（表 2.4～表 2.7）。由于根系与夹具的接触位置经常会发生滑动造成试验失败，所以不同树种拔出试验的成功次数存在差异。通过对比 4 种乔木根系拔出试验数据可得，乔木根系存在分枝节点较多的侧根系，并且拔出力随着分枝节点个数的增加而增大。最大拔出力出现在刺槐中，最大值达到 1100.2 N，而最小值则在不同植物种类的较小根系直径以及较短根系长度的样本内。根系的拔出情况多为拔断，仅在含有较小根系长度的样本为拔出。影响拔出力的主要因素有根系直径、根系长度、分枝节点以及植物种类。总的来说，刺槐根系表现出最好的拔出强度，其次是侧柏，表现最差的为栾树。

表 2.4　侧柏根系拔出试验结果统计表

根系编号	拔出位置直径/mm	最大根长/cm	总根长/cm	分枝节点数/个	拔出力/N	拔出情况
1	10.28	24.2	24.2	0	841.5	拔断
2	9.82	75.9	95.5	3	1012.4	拔断
3	4.58	60.3	84.6	2	452.1	拔断
4	4.72	47.1	63.3	2	476.4	拔断
5	3.98	24.1	24.1	0	302.5	拔断
6	3.95	28.4	28.4	0	316.7	拔断
7	2.44	18.2	18.2	0	245.3	拔断
8	2.52	26.8	26.8	0	216.5	拔断
9	1.98	25.4	25.4	0	76.3	拔断
10	1.56	17.9	17.9	0	56.21	拔出
11	1.74	18.2	18.2	0	48.4	拔断
12	3.58	24.5	24.5	0	279.3	拔断
13	3.96	22.6	22.6	0	314.5	拔出
14	3.14	54.5	70.1	2	342.1	拔断
15	2.52	25.51	25.51	0	201.1	拔断
16	2.32	24.65	24.65	0	178.4	拔出
17	2.14	20.2	20.2	0	178.5	拔断
18	1.98	15.8	15.8	0	121.2	拔出

表 2.5 刺槐根系拔出试验结果统计表

根系编号	拔出位置直径/mm	最大根长/cm	总根长/cm	分枝节点数/个	拔出力/N	拔出情况
1	4.65	42.4	42.4	2	583.3	拔断
2	4.25	32.5	32.5	9	432.1	拔断
3	5.32	62.0	131.8	7	688.2	拔断
4	6.87	62.4	117.5	0	891.2	拔断
5	8.58	56.5	147.0	0	999.2	拔断
6	0.75	17.4	17.4	0	14.1	拔断
7	0.86	8.2	8.2	0	15.4	拔出
8	0.99	9.9	9.9	0	15.2	拔出
9	1.05	15.3	15.3	0	46.8	拔断
10	1.58	36.6	36.6	2	36.5	拔断
11	0.98	14.8	14.8	0	16.7	拔出
12	1.28	50.1	78.1	4	131.5	拔断
13	8.99	62.9	134.6	6	1100.2	拔断
14	5.42	50.8	86.7	5	701.2	拔断
15	4.00	40.1	40.1	2	471.1	拔断
16	2.76	29.1	29.1	0	201.2	拔断

表 2.6 栾树根系拔出试验结果统计表

根系编号	拔出位置直径/mm	最大根长/cm	总根长/cm	分枝节点数/个	拔出力/N	拔出情况
1	3.92	39.6	55.2	2	300.3	拔断
2	4.75	40.6	57.1	2	396.4	拔断
3	4.71	21.6	21.6	0	329.3	拔断
4	2.00	20.5	20.5	0	132.5	拔断
5	4.94	41.9	33.5	2	374.1	拔断
6	2.05	24.8	24.8	0	142.1	拔断
7	2.55	25.6	25.6	0	138.3	拔断
8	3.94	32.5	32.5	0	245.4	拔断
9	2.08	32.8	32.8	0	155.3	拔断
10	2.56	34.2	34.2	0	200.3	拔断
11	1.74	29.1	29.1	0	70.0	拔断
12	2.08	28.2	28.2	0	155.3	拔断
13	2.72	24.6	24.6	0	186.4	拔断
14	2.83	20.5	20.5	0	156.5	拔断
15	2.06	22.2	22.2	0	141.2	拔断

表 2.7 榆树根系拔出试验结果统计表

根系编号	拔出位置直径/mm	最大根长/cm	总根长/cm	分枝节点数/个	拔出力/N	拔出情况
1	9.26	80.4	185.2	8	1018.6	拔断
2	5.99	65.8	112.8	6	742.9	拔断
3	5.83	57.2	108.0	5	683.5	拔断

续表

根系编号	拔出位置直径/mm	最大根长/cm	总根长/cm	分枝节点数/个	拔出力/N	拔出情况
4	5.41	32.6	32.6	0	416.7	拔断
5	4.26	52.4	99.2	4	546.2	拔断
6	4.55	62.5	96.2	4	503.3	拔断
7	4.32	44.3	62.2	2	402.1	拔断
8	3.68	43.8	65.1	2	354.3	拔断
9	3.45	47.6	70.0	2	378.5	拔断
10	3.15	26.5	26.5	0	300.2	拔断
11	2.95	38.5	47.2	2	345.6	拔断
12	2.74	28.4	28.4	0	378.5	拔断
13	2.62	26.3	26.3	0	202.4	拔断
14	2.34	26.5	26.5	0	109.5	拔断
15	2.13	28.5	28.5	0	104.5	拔断
16	1.65	30.2	30.2	0	76.4	拔断
17	1.18	31.6	31.6	0	35.4	拔断
18	1.13	24.3	24.3	0	32.1	拔断

　　对比 5 种灌木根系树种（表 2.8～表 2.12），其拔出力与乔木根系差异不大，也表现为含有较大根系直径和较长根系长度的样本有较大的拔出力。灌木根系的根系长度多大于 20cm，因此根系多发生拔断现象而非拔出。并且灌木根系的分枝节点数较乔木根系更多，但总的直径水平较乔木根系小，因此拔出力与乔木根系相比差异不大。拔出力最大值出现在荆条根系样本，最大值达到了 917.3 N，而最小拔出力则出现在紫穗槐根系，最小值为 16.6 N。

表 2.8　荆条根系拔出试验结果统计表

根系编号	拔出位置直径/mm	最大根长/cm	总根长/cm	分枝节点数/个	拔出力/N	拔出情况
1	6.43	46.8	121.8	8	502.8	拔断
2	5.02	56.0	83.9	4	385.4	拔断
3	6.15	46.8	97.3	6	402.1	拔断
4	9.83	52.9	130.1	9	917.3	拔断
5	1.58	12.5	12.5	0	55.5	拔出
6	7.12	44.4	94.5	5	608.2	拔断
7	6.20	71.9	71.9	2	386.7	拔断
8	7.66	56.1	128.5	8	808.4	拔断
9	2.53	12.6	12.6	0	102.4	拔断
10	1.19	12.1	12.1	0	23.2	拔出
11	5.77	56.6	107.8	6	384.6	拔断

表 2.9　胡枝子根系拔出试验结果统计表

根系编号	拔出位置直径 /mm	最大根长 /cm	总根长 /cm	分枝节点数 /个	拔出力 /N	拔出情况
1	4.36	28.4	28.4	0	175.3	拔断
2	3.62	40.5	53.1	2	200.2	拔断
3	2.86	24.5	24.5	0	138.6	拔断
4	2.41	25.6	25.6	0	142.3	拔断
5	2.52	28.2	28.2	0	150.2	拔断
6	1.89	27.6	27.6	0	108.9	拔断
7	1.76	26.5	26.5	0	115.4	拔断
8	1.65	20.2	20.2	0	65.2	拔断
9	1.41	24.9	24.9	0	29.4	拔断
10	1.31	16.3	16.3	0	26.1	拔断
11	1.02	15.3	15.3	0	20.2	拔出
12	1.12	18.9	18.9	0	17.5	拔断

表 2.10　夹竹桃根系拔出试验结果统计表

根系编号	拔出位置直径 /mm	最大根长 /cm	总根长 /cm	分枝节点数 /个	拔出力 /N	拔出情况
1	6.37	41.1	58.1	2	381.6	拔断
2	5.41	27.4	27.4	0	204.5	拔断
3	4.36	47.4	71.4	2	236.7	拔断
4	3.28	29.1	29.1	0	152.7	拔断
5	3.29	30.5	30.5	0	100.3	拔断
6	3.16	31.4	31.4	0	61.6	拔断
7	2.14	24.1	24.1	0	58.9	拔断
8	2.54	25.2	25.2	0	52.6	拔断
9	2.92	21.6	21.6	0	46.4	拔断
10	1.76	25.4	25.4	0	25.4	拔断
11	1.77	26.3	26.3	0	22.4	拔断
12	1.23	27.4	27.4	0	26.1	拔断

表 2.11　酸枣根系拔出试验结果统计表

根系编号	拔出位置直径 /mm	最大根长 /cm	总根长 /cm	分枝节点数 /个	拔出力 /N	拔出情况
1	8.42	31.9	40.5	2	429.5	拔断
2	3.65	27.9	27.9	0	132.6	拔断
3	3.42	26.6	26.6	0	176.4	拔断
4	2.73	28.4	28.4	0	100.2	拔断
5	2.69	22.2	22.2	0	98.6	拔断
6	2.58	25.3	25.3	0	132.5	拔断
7	2.02	23.2	23.2	0	86.4	拔断
8	2.08	27.7	27.7	0	47.6	拔断
9	2.52	24.7	24.7	0	42.6	拔断
10	2.14	22.6	22.6	0	22.4	拔断
11	1.74	19.4	19.4	0	20.8	拔断

表 2.12　紫穗槐根系拔出试验结果统计表

根系编号	拔出位置直径 /mm	最大根长 /cm	总根长 /cm	分枝节点数 /个	拔出力 /N	拔出情况
1	8.1	76.4	144.2	6	503.5	拔断
2	4.1	61.9	100.9	4	416.4	拔断
3	2.8	63.2	87.8	3	230.5	拔断
4	2.5	38.3	52.5	2	256.1	拔断
5	2.0	18.6	18.6	0	105.2	拔断
6	1.9	28.6	28.6	0	144.2	拔断
7	1.7	17.9	17.9	0	78.5	拔出
8	1.6	26.3	26.3	0	84.1	拔断
9	1.5	21.6	21.6	0	84.1	拔断
10	1.6	22.4	22.4	0	36.7	拔断
11	1.6	19.5	19.5	0	35.2	拔断
12	1.3	26.1	26.1	0	22.1	拔断
13	1.1	15.8	15.8	0	16.6	拔出

第3章　根系空间分布特征及其对固土作用的影响

利用植物保护斜坡免受浅层滑坡和水土流失的技术被认为是一种有效的生物工程，并已在世界范围内广泛应用。机械机制和水文机制的植物根系已被证明可以提高土壤的抗剪强度，从而保护斜坡免受浅层滑坡和水土流失的影响。合理搭配植物和工程措施可以有效防治水土流失。植物是生态工程中使用的主要材料，在很大程度上决定了工程的质量。合理的种植方案不仅可以提高工程项目的稳定性，而且能减少工程的开支。选择适宜的植物品种对加强生态工程建设具有重要意义。不同根系构型的植物表现出不同的力学特性，在很大程度上影响边坡的稳定性。

李云鹏等（2014）采用数值模拟的方法，分析植物根系空间布局对边坡稳定性的影响，将根结构纳入到数值模拟的计算中，研究根系构型的空间分布。

3.1　实　验　准　备

3.1.1　研究区自然条件概况

北京位于华北平原的西北边缘，东南部是平原。其地理坐标为 39°28′N～41°05′N，115°25′E～117°30′E，具有明显的温带季风气候特征。北京地处燕山南麓，纬度适中，四季分明，春季风沙弥漫，夏季炎热多雨，秋季天高气爽，冬季寒冷干燥，属于明显的暖温带半湿润半干旱季风气候。

北京市是华北平原降水量较多的地区，年平均降水量为 400～500 mm。由于季风的影响，降水集中在 7 月、8 月，占年降水量的 70 %，并且经常出现暴雨致洪涝灾害发生；冬季（12 月～次年 2 月）降水较少，仅占年降水量的 2 %。其年无霜期为 100～160 天，早霜一般出现在 10 月中旬，晚霜结束于次年 3 月下旬。在北京全境范围内，年平均降水量在不同位置有很大差异，如在北部和西部山区的迎风坡，年平均降水量能够达到 600～700 mm，而在深山区，年平均降水量则减少到 400～500 mm，平原区则为 500～600 mm。

北京地区的土壤类型可以划分 9 类，共计 20 个亚类，64 个土属。全市土壤随海拔由高到低表现出明显的垂直分布特征，有明显的地域分布规律。其中，在海拔 1900 m 以上的阳坡以及海拔 1800 m 以上的阴坡山地、平台以及缓坡上，常常分布着山地草甸土，其下层为山地棕壤；海拔在 800～1900 m 的中山山地，主要分布着山地棕壤，其中水土流失严重地区常伴有山地生草棕壤及粗骨棕壤；海拔在 800 m 以下的低山地区，主要分布着山地淋溶土以及粗骨性淋溶褐土，其下层为普通褐土。但在西部山区则为碳酸岩类和黄土性母质上发育的碳酸盐褐土及普通褐土；沿山麓狭长地带，则多为普通褐土，其下层为潮褐土。

北京山区的地表植被呈地带性分布，参考北京城区的位置，将北京山区分为四个部分，即东南西北四个区域。北部、东部和西部山区由于人类的长期活动，主要为次生林，地带性植被为温带阔叶林；南部山区多分布落叶阔叶林、落叶灌丛以及灌草丛等。尽管不同部分的山区内植物种类相似，但也存在一定差异。

3.1.2　研究内容与方法

1. 研究目标

本章通过调查北京植被护坡常用植物种类的根系特点，从根系形态和根系力学特性出发，分析根系直径、根系长度、根系分枝、单位土体内含根量、根系结构类型、单根抗拉强度以及单根抗拔强度对土壤抗剪强度的影响，进而研究根土复合体增强土壤抗剪能力的力学机理，构建单株植物根系模型，定量评价不同植物种类根系的固土效果。在此基础上，利用数值模拟手段，研究不同植物种类的搭配以及空间配置对不同坡面条件坡体稳定的作用，进而量化树种、树龄以及空间配置等因素对边坡稳定性的影响，最终实现对北京地区植被护坡效果的定量评价以及针对不同坡面条件的植被护坡技术的最优配置，为北京地区植被护坡技术提供理论依据和设计参考。

2. 研究内容

本章的重点为植物根系的形态特征和力学特性、根土复合体的力学机理以及植被护坡的量化表达，主要的研究内容包括：

1）植物根系形态特征

研究区域为北京山区以及高速公路土质边坡，通过野外根系挖掘与拔出试验，对研究区域内常用植被护坡树种（侧柏、刺槐、栾树、榆树、荆条、胡枝子、夹竹桃、酸枣、紫穗槐、狗尾草、沙打旺、高羊茅、紫苜蓿、白车轴草）进行野外根系调查，分析常用植被护坡树种根系的空间结构特征，总结不同植物种类根系形态差异。

2）植物根系的抗拉、抗拔特性

通过根系抗拉试验，获得根系在均匀拉力条件下抗拉强度与形变的关系，比较不同植物种类根系的抗拉特性；通过对单根的抗拔试验，分析拔出强度与根系直径、根系长度、拉伸速率、根系密度等因素对单根抗拔强度的影响，进而总结单根抗拔强度的主要影响因素。

3. 研究方法

1）树种选择与根系结构类型

被选择的树种要为研究区域的常见适生树种，并且在植被护坡工程中有应用先例，在参考大量文献的情况下，拟确定的研究树种包括①乔木：侧柏、刺槐、榆树、栾树；②灌木：荆条、胡枝子、夹竹桃、酸枣、紫穗槐；③草本：狗尾草、沙打旺、高羊茅、紫苜蓿、白车轴草。北京地区土壤厚度分布不均且土层较薄，为了得到较为理想的根系生长状态，选择北京地区土层较厚（多为棕壤）的密云、延庆、房山等地。样本选择的过程中，由于不同树龄植物根系的生长情况不同，参考 Casper 等（2003）、Gray 和 Barker（2013）、Johnsen 等（2005）的研究，得到 2～6 年生乔木树种的根系分布范围在 0～1 m，其深度在 0.5～1 m。因此，为了便于统计和观察整株乔木植物根系的空间分布情况，同时为了更好地完成野外拔出试验，乔木选取树龄以 2～6 年生为主，根系挖掘深度为 1 m，水平范围半径为 1.5 m。同样地，灌木根系选择树龄在 2～4 年生，根系挖掘深度为 0.8 m，水平范围半径为 2 m。草本植物根系多为一年生植物，且部分草本植物为丛生，为了较好地研究不同草本植物根系特征，因此选择单株生长的草本植物为样本进行根系的采集，根系挖掘深度为 0.6 m，水平范围半径为 0.5 m。取样时间选择在每年的 5～10 月。每种植物种类样本数为 3～5 株，将完整的根系挖掘并进行拍照后，用黑色塑料袋装好带回实验室，同时，采集根系附近 0～0.6 m 深度的土壤样本，采集方法为按照每0.2 m 的深度采集土样，并将各层土样均匀混合后用自封袋采集混合土样 1 kg。

根系结构类型的分类标准参考 Yen（1987）的分类办法，Yen（1987）对根系结构的分类方法非常适用于幼树，其分类为分辨不同根系结构对土壤加固的作用奠定了很好的基础。考虑到有些植物种类根系存在共生根，因此在 Yen（1987）的基础上对根系结构类型进行了修改，添加了一种新的根系结构类型，不同根系结构类型的简图以及判定标准见表 3.1。

表 3.1　根系结构判定标准

根系结构判定标准	根系构型
根系中存在大量水平根，主根短粗，根系顶端分枝	H 型
根系中存在大量倾斜根，根系由土表向深层逐渐变细，分枝范围减小	R 型
根系中存在大量水平根，主根长，根系顶端埋深深	VH 型
根系中存在少量倾斜根，主根细且长，根系顶端埋深深	V 型
根系分枝多而密，分枝方向不定，常见于草本植物	M 型
根系中存在大量倾斜根，主根埋深浅，但与其他同类植物有共生根	W 型

2）根系空间分布模型

植物根系经常按照直径的大小被分为粗根系和细根系。通常把根系直径在 1～2 mm 的根系判定为细根系，而粗根系的直径往往大于 2 mm。本研究采用 0.2 m 的间隔将根系垂直方向上的根系直径以及根系长度进行测量，根系直径测量位置为各段根系的中点，而根系长度则直接测量。当遇到分枝点时，分枝节点下的根系长度也需记录。在 0.2 m 的间隔内，采用 Mattia 等（2005）的测量方法测量植物根系的根面积比（RAR），分别在 0～0.2 m、0.2～0.4 m、0.4～0.6 m、0.6～0.8 m 和 0.8～1 m 的深度对根系数量以及根系直径进行统计，根系直径按照 2 mm 间距进行径级分类，并根据式（3.1）计算各 0.2 m

间隔内根面积比随深度的变化。

$$RAR = \frac{\sum\limits_{i=1}^{N} \frac{\pi n_i d_i^2}{4}}{A} \qquad (N = 5) \qquad (3.1)$$

式中，n_i 为径级为 i 的根系平均个数；d_i 为径级为 i 的根系平均直径，mm；A 为在测量根土抗剪强度时所测量的圆形区域面积，在这里指采集根系时的水平范围面积。除此之外，按照根系的自然生长长度，对各分枝节点间的根系长度也进行了测量（图 3.1），此时的根系最大长度的测量起点为根系与主茎的连接位置。此外，从各分枝节点开始生长的根系按照分枝节点出现的个数分为一级侧根、二级侧根以及二级以下侧根。各分枝节点以及分枝节点间的根系长度按照逆时针的顺序编号，两个分枝节点间的根系直径采用测量中间部位的方法确定。

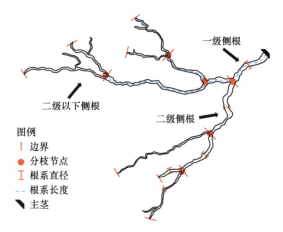

图 3.1　分枝节点以及根系长度测量示意图

3.2　根系空间分布特征

根系在土壤中的空间分布特征不仅表现在整体根系结构上，也表现在根系指标上，如根系直径、根系长度以及根系数量等。通过研究这些根系指标的空间分布特征，寻找根系指标与土壤深度的关系，进而为量化根系对土壤的稳固作用奠定基础，最终评价植物对稳定坡体的贡献。

3.2.1　根系直径

根系直径在根系的空间分布研究中是一个非常重要的指标，较大的根系往往被认为能够提供更强的抵抗剪切破坏的作用；而数量较多的小直径根系存在于土壤中，与土体混合形成根土复合体，表现出更强的弹塑性能。通过研究不同植物根系直径随土壤深度的变化规律发现，根系直径随土壤深度的增加（0～1 m）表现出一定规律，并且在不同乔灌草树种中存在明显差异。

通过比较 4 种乔木植物根系直径径级随土壤深度的变化规律发现（图 3.2），浅层土壤内（0～20 cm），根系直径的径级分布较广，最大的可以达到 18～20 mm（侧柏），最小的为 10～12 mm（刺槐），除栾树外，其他三种植物根系直径径级在浅层土壤内为 2～6 mm 直径，而较大根系直径数量较少。随着土壤深度的增加，4 种乔木根系直径径级逐渐减小，多分布在 0～6 mm；除栾树外，其他三种植物根系径级都随土壤深度的增加而减小，而栾树在土壤深度为 40～60 cm 根系直径径级有所增加，由 4～6 mm 增加到 8～10 mm。总的来说，侧柏植物根系直径径级分布范围随土壤深度的增加呈现快速减小的趋势，在不同土壤深度内，根系直径径级数量分布最多的为 0～4 mm。栾树植物根系直径径级分布范围在土壤深度内无明显规律，在 0～20 cm 土壤深度，没有 0～4 mm 直径根系存在，而 0～4 mm 直径根系多分布在 20～60 cm 土壤深度。刺槐和榆树植物根系直径径级分布范围随土壤深度的增加呈现均匀减小的趋势，并且在不同土壤深度内，0～4 mm 直径根系分布较多。

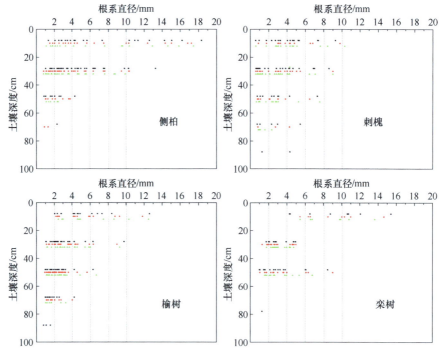

图 3.2 4 种乔木植物根系直径径级随土壤深度的变化规律

不同颜色的图标表示 3 个同类型植物的重复样本，下同

通过比较 5 种灌木植物根系直径径级随土壤深度的变化规律发现（图 3.3），最大根系径级都分布在浅层土壤内（0～20 cm），其中酸枣和紫穗槐根系直径最大，分布在 12～14 mm，胡枝子根系直径最大不超过 6 mm。除酸枣根系外，其他 4 种植物根系直径径级分布较为均匀，而酸枣根系直径在不同土壤深度内存在断层。随着土壤深度的增加，5 种灌木植物根系直径径级分布范围都表现出均匀减小的趋势。在不同土壤深度内，0～4 mm 直径根系数量较多，而较大直径根系数量较少。总的来说，荆条植物根系直径径级在土壤深度内分布较为均匀，0～4 mm 直径根系数量在 0～60 cm 土层差异不大。胡

枝子根系仅存在 0~60 cm 土壤深度内,并且无较大直径根系存在,根系直径径级在各土壤深度内分布均匀且随土壤深度的增加而均匀减小。夹竹桃、酸枣和紫穗槐植物根系与荆条植物根系在土壤深度内的分布规律相似。

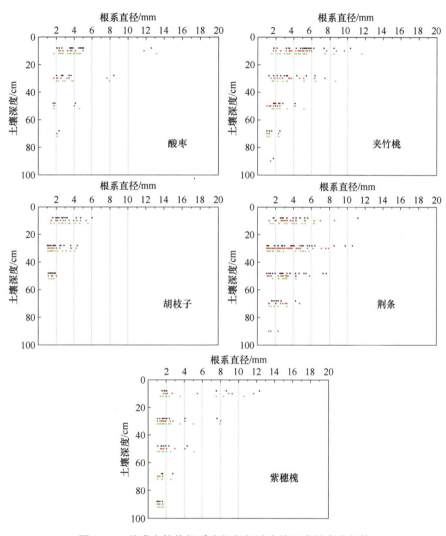

图 3.3 5 种灌木植物根系直径径级随土壤深度的变化规律

本书选取 5 种北京地区护坡常用的草本植物,通过分析 5 种草本植物根系直径径级随土壤深度的变化规律发现(图 3.4),除狗尾草外,其他 4 种草本植物根系直径径级分布范围都随着土壤深度的增加而线性减小。由于草本植物多为散生根型,因此其根系直径径级随土壤深度的增加一般与单根直径随土壤深度增加的变化一致。虽然 5 种草本植物根系直径径级存在差异,但最大根系直径不超过 6 mm,且有更多 0~1 mm 直径根系存在。而紫苜蓿根系直径径级分布随土壤深度的变化与其他 4 种植物存在差异,在不同土壤深度内,存在 1~2 个直径较大的根系,表现出部分与乔木和灌木植物根系直径径级相同的分布规律。总的来说,狗尾草根系直径在不同土壤深度内多分布 0~1 mm 径级，而沙打旺和高羊茅植物根系在不同土壤深度内存在集中分布规律，分别集中分布在 0～2 mm 和 2～4 mm 径级。紫苜蓿和白车轴草植物根系直径径级在不同土壤深度内分布较为均匀，但白车轴草根系仅分布在 0～40 cm 土壤深度，根系埋深较浅。

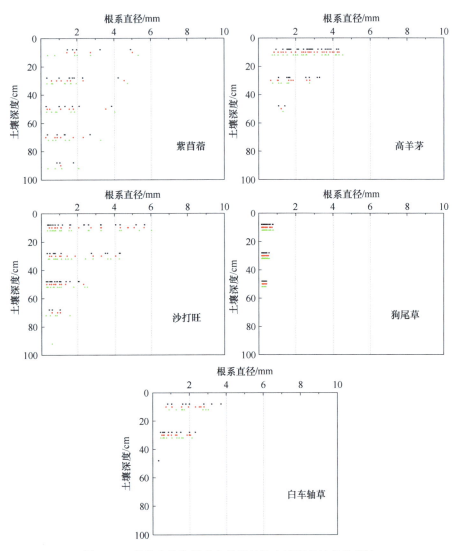

图 3.4　5 种草本植物根系直径径级随土壤深度的变化规律

3.2.2　根 系 长 度

根系在土壤中分布的总长度直接影响着根系与土壤接触面积的大小以及根土间的原始摩擦力。通过研究不同土壤深度内根系的总长度变化规律，可以量化根土间原始摩擦力的大小，进而评价根土复合体的抗剪强度增量。

通过对 4 种乔木植物根系总长度随土壤深度的变化规律研究发现（图 3.5），4 种乔木植物根系在不同土壤深度内的根系总长度变化规律相似，最大根系总长度都存在于

20～40 cm 土壤深度。不同乔木植物根系总长度随土壤深度的增加呈现先增加后减小的趋势，但增加的幅度较小。除栾树外，其他 3 种乔木植物根系总长度在 20～80 cm 土壤层快速减少，而栾树根系总长度在 20～60 cm 土壤深度变化不大。侧柏和刺槐根系总长度在不同土壤深度内的大小关系为：20～40 cm 土壤深度>0～20 cm 土壤深度>40～60 cm 土壤深度>60～80 cm 土壤深度；而栾树和榆树根系总长度在不同土壤深度内的大小关系为：20～40 cm 土壤深度>40～60 cm 土壤深度>0～20 cm 土壤深度>60～80 cm 土壤深度。

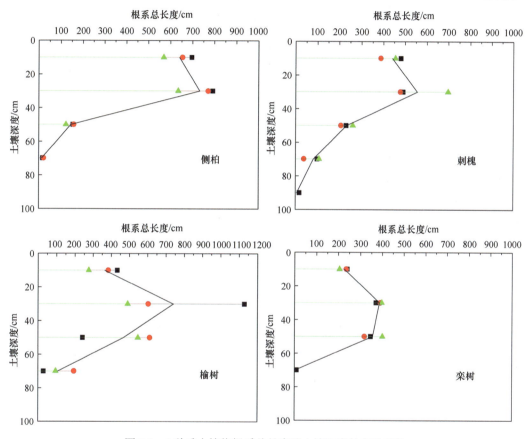

图 3.5　4 种乔木植物根系总长度随土壤深度的变化规律

通过比较 5 种灌木植物根系总长度随不同土壤深度的变化规律发现（图 3.6），不同灌木植物根系总长度在土壤深度内差异明显。其中，荆条和紫穗槐根系总长度在土壤深度内的变化规律与乔木相似，表现为随土壤深度的增加呈现先增加后减小的趋势；而其他 3 种灌木则表现为随土壤深度的增加而呈现减小的趋势。根系总长度最大值出现在荆条根系的 20～40 cm 土壤深度（786 cm），而胡枝子根系总长度的最大值较小，仅为 297 cm（0～20 cm 土壤深度）。同时，胡枝子根系总长度随土壤深度的递减速率要小于夹竹桃和酸枣根系。荆条和紫穗槐根系总长度在不同土壤深度内的大小关系为：20～40 cm 土壤深度>0～20 cm 土壤深度>40～60 cm 土壤深度>60～80 cm 土壤深度；而其他 3 种灌木植物根系总长度的最大值都出现在 0～20 cm 土壤深度。

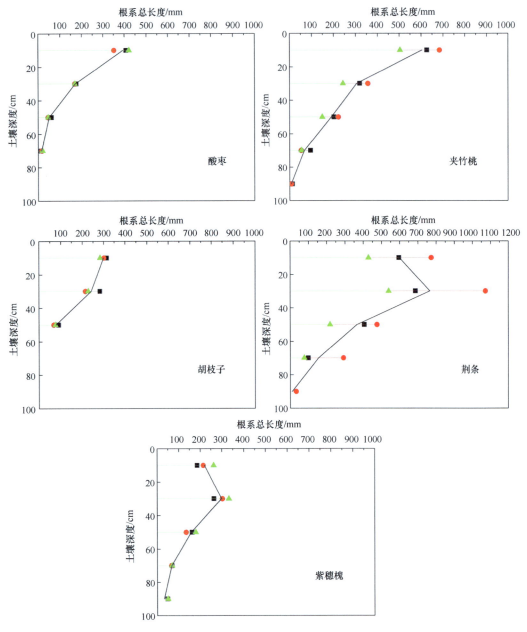

图 3.6 5 种灌木植物根系总长度随土壤深度的变化规律

通过比较 5 种草本植物根系总长度随土壤深度的变化规律发现（图 3.7），5 种草本植物根系总长度在不同土壤深度内的变化无规律可循，其中狗尾草和紫苜蓿根系总长度在 0~20 cm 土壤深度到 20~40 cm 土壤深度有所增加，其他 3 种草本植物根系则都表现为随土壤深度的增加而呈现减小的趋势，但减小的速率不相同。具体表现为沙打旺根系总长度随土壤深度的减小速率呈先增加再减小而后又增加。高羊茅根系总长度随土壤深度的减小速率是先增加后减小，白车轴草根系总长度随土壤深度的减小速率则表现为先减小后增加。根系总长度最大值出现在狗尾草根系的 20~40 cm 土壤深度（762 cm）；

紫苜蓿根系总长度在不同土壤深度内都很小，最大值仅为 126 cm。

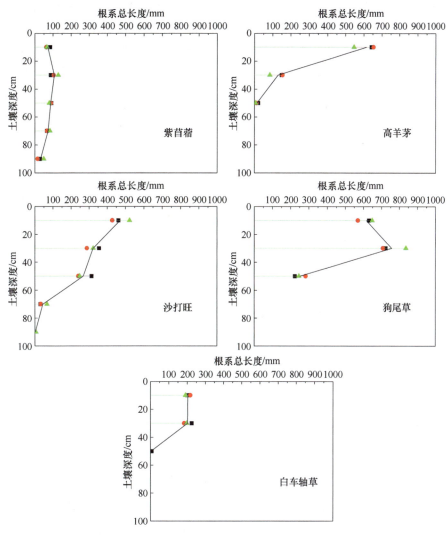

图 3.7　5 种草本植物根系总长度随土壤深度的变化规律

3.2.3　根　系　数　量

土壤中根系数量的多少直接决定着根系对土壤抗剪强度的增加量，但过多植物根系的存在也会对土壤产生松动作用，进而使得土壤质地疏松，更容易被破坏。同时，根系的生长活动也改善了土壤内环境，使得其中的生物化学作用更为活跃，进而改善了土壤质地。根系存在于土壤中也会产生根通道，当有水流经过这部分土壤时，壤中流的流动轨迹在很大程度上会受到根通道的影响，进而影响土体的稳定性。

通过比较 4 种乔木植物根系在不同土壤深度内的根系数量变化规律发现（图 3.8），4 种乔木植物根系数量在不同土壤深度内呈现先增加后减小的趋势，侧柏、栾树和刺槐在 0～40 cm 土壤深度是增加的，而榆树则在 0～60 cm 土壤深度是增加的。根系数量最大值出现在侧柏根系的 20～40 cm 土壤深度，根系数量达到 30 个；而栾树的根系数量在不同土壤层内较小，最大值仅为 15 个。侧柏和刺槐根系数量在 20～40 cm 土壤深度以下急剧减小，而栾树的根系数量仅在 40～60 cm 土壤深度以后才出现相同规律。榆树根系数量在 0～60 cm 土壤深度均匀增加后在 60～100 cm 土壤深度又均匀减小。侧柏、栾树和刺槐根系数量的最大值都出现在 20～40 cm 土壤深度，而榆树则出现在 40～60 cm 土壤深度。

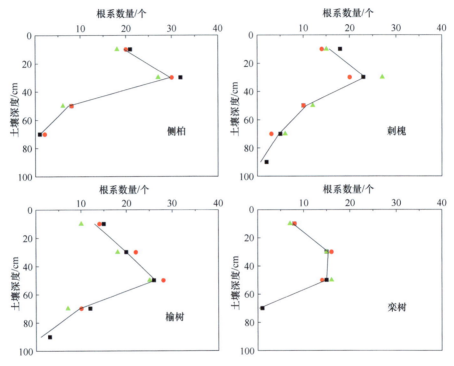

图 3.8　4 种乔木植物根系在不同土壤深度内的根系数量变化规律

图 3.9 为 5 种灌木植物根系数量随土壤深度的变化规律。由图 3.9 可知，荆条和紫穗槐根系数量在土壤深度内的变化规律与乔木植物相似，表现为根系数量在不同土壤深度内呈现先增加后减小的趋势；而胡枝子、夹竹桃和酸枣的根系数量随土壤深度表现为一直减小的变化规律。根系数量的最大值出现在荆条根系的 20～40 cm 土壤深度，最大

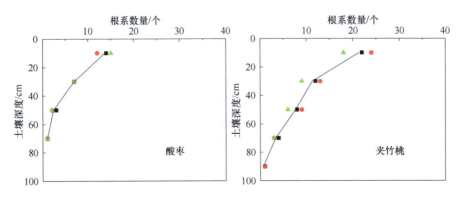

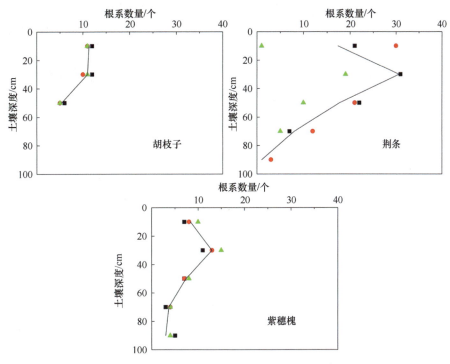

图 3.9　5 种灌木植物根系在不同土壤深度内的根系数量变化规律

根系数量为 32 个。荆条和紫穗槐根系数量在不同土壤层的关系为：20～40 cm 土壤深度>0～20 cm 土壤深度≈40～60 cm 土壤深度>60～80 cm 土壤深度>80～100 cm 土壤深度；胡枝子根系数量在土壤深度变化内的减小速度要明显小于夹竹桃和酸枣。

　　5 种草本植物根系数量随土壤深度呈现不同的变化规律（图 3.10），由于草本植物基本上没有明显的主根，且倾斜根系较多，因此在不同土壤深度内的含根量都比较多，最大值出现在狗尾草根系的 20～40 cm 土壤深度，根系数量达到 32 个。但不同草本植物根系数量在土壤深度内的变化却不尽相同。其中，狗尾草、紫苜蓿和白车轴草根系数量表现为随土壤深度的增加而先增加后减小的趋势，高羊茅则表现为一直减小的变化规律。沙打旺根系数量在 0～40 cm 土壤深度是减小的，但在 40～60 cm 土壤深度微有增加，

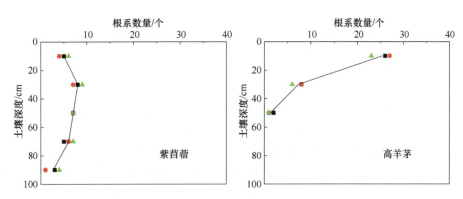

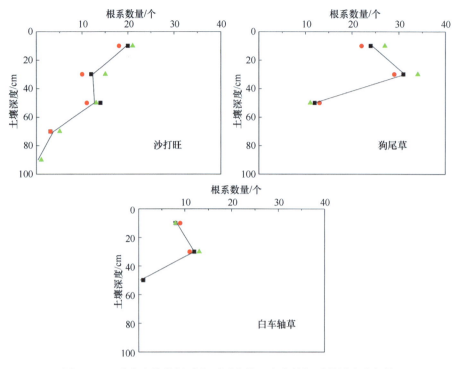

图 3.10　5 种草本植物根系在不同土壤深度内的根系数量变化规律

后随着土壤深度的增加而急剧减小。5 种草本植物根系都存在一个根系数量较多的土壤深度，其中，狗尾草和白车轴草根系数量最多的土壤深度为 20～40 cm，沙打旺和高羊茅则在浅层土壤中；紫苜蓿在各土壤层内的根系数量变化差异不大。

3.2.4　根系倾斜角度

根系的倾斜角度是指以主茎为轴，每条根系与轴之间的夹角，这个夹角的范围在 0°～90°。根系在土壤中的倾斜角度的分布很大程度上决定着根土复合体在发生剪切破坏时，根系与剪切面的夹角，进而影响根系抵抗剪切破坏的量化表达。水平根系和垂直根系在剪切破坏中多为被拔出，而倾斜根系多为被剪切，因此需要对根系在土壤中的倾斜角度进行研究。通过对 4 种乔木植物根系倾斜角度的统计发现（图 3.11），侧柏根系多分布在 0°～30°和 30°～60°，而刺槐根系多分布在 30°～60°。榆树和栾树根系在不同倾斜角度内的分布差异不明显。所有乔木的水平根系较少，其中榆树水平根系最多，平均值达到了 2.5 个。0°～30°根系数量最多的为侧柏根系，平均值达到了 5 个；而在 30°～60°同样也是侧柏根系数量最多，平均值为 7.5 个。侧柏、刺槐和栾树在垂直方向上都有多于 1 个的根系存在，而榆树根系在垂直方向上仅存在 1 个根系。

通过对比 5 种不同灌木植物根系在不同倾斜角度内的分布规律发现（图 3.12），除荆条外，其他 4 种灌木植物根系在不同倾斜角度内的分布数量较少，平均值在 0～5。荆条根系则多分布于 0°～30°和 30°～60°，根系数量的平均最大值达到 5.5 个和 8.2 个。胡

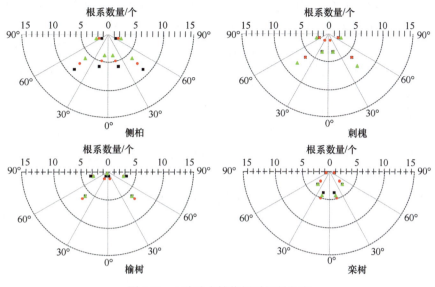

图 3.11　4 种乔木植物根系倾斜角度

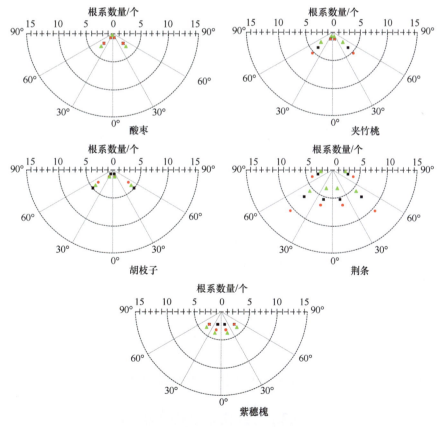

图 3.12　5 种灌木植物根系倾斜角度

枝子、夹竹桃和酸枣根系在不同倾斜角度内的分布规律相似，表现为在30°~60°分布最多，而在其他分布范围内较少，并且都没有水平根系存在。而紫穗槐则表现为在0°~30°和30°~60°分布的根系数量差异不大，同时也没有水平根系存在。荆条是唯一存在水平根系的灌木，其根系数量的平均值达到2.5个。但从根系倾斜角度分布特征来看，荆条的分布要远远优于其他灌木植物根系的分布。

草本植物根系由于没有明显的主根，因此根系在0°~30°分布的根系数量较多（图3.13）。除紫苜蓿外，4种草本植物根系多分布在0°~30°，根系数量在不同倾斜角度内的大小关系为：0°~30°>30°~60°>60°~90°。紫苜蓿根系在30°~60°含量最多，根系数量的平均值达到2，并且存在水平根系。高羊茅根系基本不存在于30°~60°，几乎无水平根系以及垂直根系。狗尾草除了含有大量的0°~30°的根系外，还存在着大量的倾斜根系，其处在0°~30°的根系数量为草本中的最大值，根系数量的平均值为8个。仅从倾斜角度特征分析，狗尾草有着最为广泛的根系分布范围。

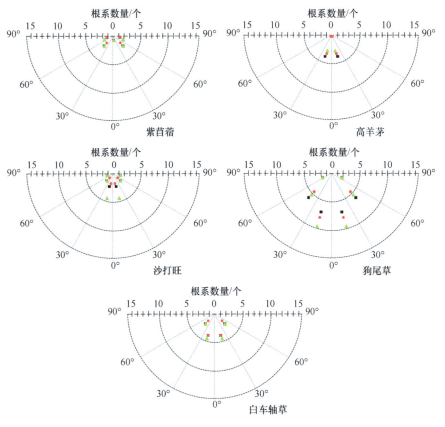

图3.13　5种草本植物根系倾斜角度

3.2.5　分枝与分枝节点

尽管本书所选取的乔灌木皆为幼树，但其地下部分的根系分枝在之后植物生长过程中的变化较小，根系的生长多为长度以及直径方面的生长，根系的结构基本保持不变。研究根系的分枝以及分枝节点的特征能够更好地分析根系整体结构对土壤稳固的效果。根系分枝数量的增加，直接提高了根系与土壤的接触面积，并使得根系在土壤中的运动不仅仅是克服根系表面与土壤间的摩擦力，还需克服由分枝造成的根系结构整体的结构力。

通过对 4 种乔木植物根系分枝与分枝节点的特性研究发现（图 3.14，图中细线代表根系个数，图标代表分枝节点数，下同），不同乔木植物根系的分枝情况存在很大差异，其中刺槐和榆树都存在三次分枝，而栾树仅存在一次分枝，侧柏则存在二次分枝。根系数量在垂直方向上除了受到分枝的影响，也受到根系长度的影响。同一分枝层次内的根系数量以及分枝数不存在明显关系。同样地，分枝节点个数随分枝次数的变化规律也存在差异，除刺槐外，其他 3 种植物根系分枝节点个数随分枝次数减小，而刺槐在一次分枝内先基本不变后逐渐减小。

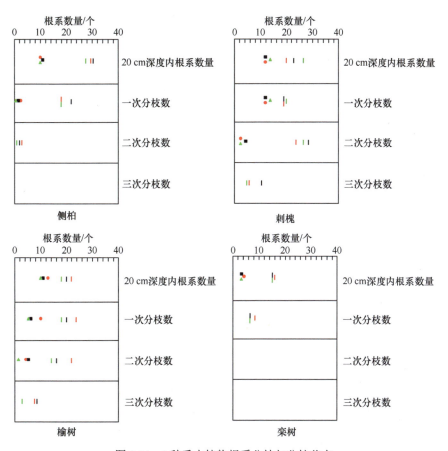

图 3.14　4 种乔木植物根系分枝与分枝节点

5 种不同草本植物根系的分枝与分枝节点特征如图 3.15 所示，草本植物的分枝特征较为简单，土壤中多存在仅从主根延伸生长的根系，而不存在过多的分枝。狗尾草、紫苜蓿和白车轴草仅存在一次分枝，且分枝节点个数在 4～8 个。高羊茅根系不存在分枝现象，而沙打旺存在三次分枝，但每次分枝节点个数较少，分枝后的根系数量变化不大。草本植物根系的分枝数增加并没有带来根系数量的过多增长，这可能是由于草本植物根系分枝多为二分枝情况，根系数量的增加不明显。

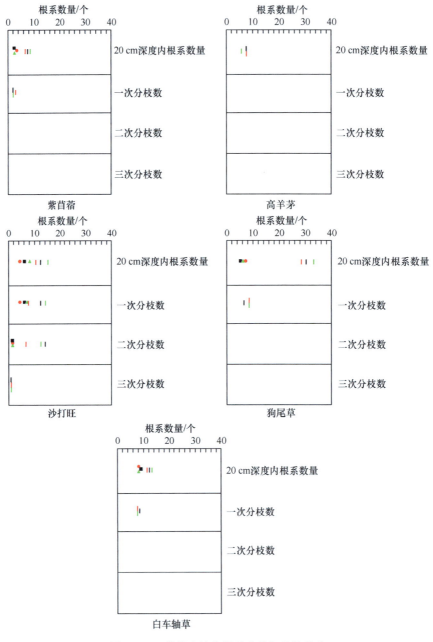

图 3.15　5 种草本植物根系分枝与分枝节点

正方形、三角形、圆形图标对应横坐标值（根系数量），短线表示分枝节点数量

第4章 根土作用机理

4.1 根土接触特性

当发生剪切破坏时，含有根系的土壤往往能够表现出更强的抗剪能力，这得益于根系自身的结构特性以及根系与土壤间保有的原始摩擦力。根据阿蒙顿–库仑定律（Amontons-Coulomb friction laws），当植物根系受到拉伸作用时，根系受到周围凹陷凸起的土壤颗粒约束与啮合作用，使得根系紧锁其周围的土体介质，起到提高周围土体间的摩擦阻力的作用，通过土体之间的啮合、摩擦作用以及根系与根系周围土体的相互钳制作用增强坡面土体抗剪强度，从而使坡面稳定性得到整体性提高。在剪切破坏过程中，根系与土壤分别发生不同的剪切位移以及变形，二者之间的相互作用难以用数学关系表达，因此在研究根土复合体的抗剪强度时，往往将二者看作整体，它们之间的相互作用作为内力，而此时根系与土壤间存在的原始摩擦力就可以被很好地计算。对于这种摩擦力的测量往往采用根系直接拉拔试验或者剪切试验研究，研究的同时还需考虑根系形态对拔出强度的影响。需要指出的是，根系与土壤间的这种原始摩擦力是根系在长期生长过程中与土壤交界面缓慢形成的，如果将根系从土壤中取出后再设计相应试验是很难恢复原始摩擦力的大小的。

张兴玲等（2011）在对青藏高原东北部黄土区护坡灌木柠条锦鸡儿的根系拉拔摩擦试验研究中发现，柠条锦鸡儿根系在拔出过程中，其根系与土壤间的摩擦力随在土壤中的位移增加而增大。在拔出前期，摩擦力大小与位移呈线性关系，拔出后期表现为非线性关系，而随着根系在土壤中的相对位移增加，摩擦力逐渐减小并最终趋于零。在试验中通过对根土复合体施加垂直压力观察摩擦力变化发现，根土间摩擦力随垂直压力的增加而显著增加，并且这种关系为显著的线性关系，同时随着土壤含水量的增加，根系与土壤间的摩擦力减小，且二者也近似呈线性关系。

曹云生等（2014）研究了影响植物根系与土壤交界面摩擦力的因素，通过采用施加拔出荷载的方式对林木根系进行单根拔出试验，结果表明，根土交界面摩擦力随根系的直径和埋深的增加而呈线性增加趋势，平均摩擦力的大小随土壤含水量的增加呈现出非线性规律，具体表现为先增加后减小的趋势。不同树种根系与土壤间存在的原始摩擦力存在很大差异，平均摩擦力大小关系表现为白桦＞落叶松＞蒙古栎＞油松。不同树种根系与土壤间的摩擦系数也存在差异，平均摩擦系数大小关系为落叶松＞蒙古栎＞白桦＞油松。此外，摩擦力还随着施加的拔出荷载的速率的增加而减小。

田佳等（2015a）研究了毛乌素沙地花棒和沙柳根系与土壤交界面的摩擦力在剪切试验中的变化规律，结果表明，花棒和沙柳根系对土壤抗剪强度的提高作用与根土间的黏聚力无关，而与摩擦角有关。花棒根土界面的摩擦角显著高于沙柳根系交界面，而花棒根系提高根土复合体的抗剪强度能力明显高于沙柳根系。土壤含水量也是影响植物根系抗剪强度增量表达的一个重要因素,土壤含水量越高,根土界面的摩擦角越小,其增强土壤抗剪强度的能力越弱。通过 ABAQUS 有限元软件模拟应力、位移边界条件以及摩擦关系,得到的结果与试验基本一致,因此根土界面的直剪摩擦试验可通过有限元方法模拟。

4.2 根土结构特性

根土复合体的抗剪强度,除了与根系自身的抗拉强度以及根系与土壤间的摩擦力有关外,往往还受到根土结构的影响。很多人的研究都表明根系结构特征指标对根土复合体抗剪强度增量有很大作用,这些指标主要为根密度、根长密度、根数、根面积比、基底直径、倾角、土壤中根的比例、最大根深度、分枝模式、横向根之间的夹角、根分枝点下的总长度等。在单独评价单根或者单枝根系条件下,对上述指标的讨论能够很好地得出根系特征与抗剪强度增量之间的关系,但当考虑整株根系时,过多的指标会使对整株根系固土效果分析的复杂化。因此,近些年来研究学者将根系看作整体,进而研究根土结构整体的固土效果。

Fan 和 Chen(2010)探讨了 5 种含有不同根系结构的根系固土效果。基于 Yen(1987)的分类系统,将 5 种植物(大叶木槿、野梧桐、乌桕、木麻黄、银合欢)按照根系结构特征分为 H 型、VH 型、V 型和 R 型。通过大盒直剪试验得出 5 种不同根系结构抗剪强度大小为 R 型>VH 型>H 型>V 型,而后又对不同根土结构间的差异进行讨论,得出主根系数量以及根系在空间的分布位置是造成形态差异的主要原因。由于采用重新覆土的试验方式,根系间的原始摩擦力已经被破坏,得到的结果仅为根土结构对抗剪强度的增量。而通过对 5 种不同植物根系的抗拉强度与根土结构固土效果进行对比发现,具有较大抗拉强度的根系并没有反映出较好的根土结构固土效果,这也说明了根土结构在根系对土壤抗剪强度影响方面是很重要的。

谢春华和罗辑(2002)利用分形理论研究了长江上游 3 种常见植物(冬瓜杨、峨眉冷杉及高山柳)的根土结构对土体稳定的影响。结果表明,两种植物根系的根土结构都表现出良好的分形结构特征,高山柳的根系具有多层次细微分枝结构,并且存在最大的分形维数。峨眉冷杉的分枝结构最为简单,以侧根和主根为主。3 种植物根系的根土复合结构的分形维数随树龄的增长而增加,而当将分形维数与土体稳定结合分析时发现,具有较大分形维数的植物根系能够提供更强的抗剪切破坏能力。由于峨眉冷杉根系埋深较浅,而冬瓜杨根系中含有大量的毛根,因此建议在边坡防护中将二者组合配置,能够有效地提高土体稳定性。

Li 等(2016)研究了坡面上不同植物配置方式对坡体稳定的影响。他们的研究采用了修正后的 Yen 的分类系统,添加了新的结构类型——M 型和 W 型。在此基础上对含有不同根系结构的植物的固土效果进行了量化,进而通过采用数值模拟的方法研究了坡面上不同根系结构条件对坡面稳定的贡献。结果表明,含有较广分布的 H 型根系在抵抗较小剪切力条件下表现出循环的抵抗作用,而含有较多倾斜根系的 R 型表现出最好的抵抗剪切破坏的作用。因此，在边坡防护工程中，应选择含有 H 型和 M 型根系的植物进行布设。

4.3　根土的力学特性

根系的固土能力主要体现在根系的抗拉力和抗拔力，这种对土壤强度的加强作用常被称为根系的附加黏聚力。在浅层土壤中，植物根系通过根土接触面复杂的力学相互作用提高土体的抗剪强度来增加斜坡的稳定性。当土壤发生剪切破坏时，植物根系除了发生抗拉力外，根系与土壤的接触界面还会产生界面摩擦力，这就是根系的抗拔力，当根系的抗拔力大于根系的抗拉力时，根系被拉断，当根系抗拔力小于抗拉力时，根系被拔出。根系与土壤接触界面的摩擦决定了机械破坏的类型，在干燥的状态下细小的根系通常发生断裂，土壤含水量较高时，根系常被拔出。

由于根系的抗拉和抗拔特性只能代表单根或者一条复杂根系的力学特性，不足以体现完整根系结构的固土性能，所以为了能够更直观地反映根系对土体的加强效果，我们将根系看成一个整体来研究其对根土复合体抗剪强度的改变。

4.3.1　根土原始摩擦力

根据摩擦定律可知，在根系类别不变的情况下，根系与土壤的接触面积越大，则根土间的原始摩擦力的总和就越大，但由于在实际环境中，根系在土壤中的生长沿不同方向，直径沿径向的变化也导致接触面积的不规则变化，再者根系在土壤中存在分枝，在分枝处的摩擦力不符合摩擦定律，因此需要构建根系长度、直径以及分枝节点与原始摩擦总力（拔出力）的关系式，得出 9 种不同乔灌根土原始摩擦力与根系特征指标的关系式，进而定量评价不同种类植物根系整体的根土原始摩擦力总和的大小。

由表 4.1 可知，在仅考虑树种、根系拔出位置直径（x_1）、最大根系长度（x_2）、根系总长度（x_3）以及分枝节点个数（x_4）的条件下，根系拔出力（y）与这些指标有很好的线性关系（$R^2 \geqslant 0.90$）。除紫穗槐和荆条外，其他 7 种植物根系拔出力与拔出位置处的直径和最大根系长度都呈正相关关系。而根系总长度与拔出力的关系在不同树种间的关系差别较大，大多数呈正相关关系。在 4 种乔木中，分枝节点较多的侧柏的各项指标（除根系总长度）都与拔出力呈正相关关系，而含有较少分枝节点的栾树，其最大根系长度的相关系数最小为 0.24，这说明分枝节点较少时，最大根系长度与根系总长度间的差异减小，两者对根系拔出力的影响作用趋于相等，同样的规律也出现在酸枣和胡枝子上，这种作用直接导致了多元回归方程中根系总长度这一参数被剔除。5 种灌木植物根系中，不论是分枝节点个数还是根系总长度，荆条都表现出其他 4 种灌木植物根系无法比拟的优势，但其最大根系长度与拔出力的关系为负相关，这可能是由于分枝节点的增加，最大根系长度在根系总长度中所占的比例减小，因此在分枝节点较多的情况下，不能用最大根系长度来代表根系的拔出强度。

表 4.1 不同植物根系拔出力与根系特征的回归关系

树种	多元回归方程	R^2	P
侧柏	$y=-144.68+86.25x_1+2.46x_2-1.19x_3+80.59x_4$	0.98	<0.001
刺槐	$y=-136.99+122.93x_1+1.55x_2+0.31x_3-2.16x_4$	0.99	<0.001
栾树	$y=-69.96+71.31x_1+0.24x_2+0.83x_3+26.57x_4$	0.95	<0.001
榆树	$y=-126.49+88.94x_1+3.38x_2-1.21x_3+40.49x_4$	0.95	<0.001
荆条	$y=-116.40+108.64x_1-2.89x_2+0.58x_3+4.83x_4$	0.95	<0.001
胡枝子	$y=-68.91+35.31x_1+5.41x_2-39.05x_4$	0.90	<0.001
夹竹桃	$y=-394.24+44.55x_1+12.48x_2-10.08x_3+282.21x_4$	0.96	<0.001
酸枣	$y=-45.27+67.80x_1+0.67x_2-158.82x_4$	0.94	<0.001
紫穗槐	$y=-348.22-3.65x_1-26.41x_2+30.62x_3-362.10x_4$	0.92	<0.001

总的来说，根系拔出位置直径对拔出强度的影响较大，其次是分枝节点，而当分枝节点过少时，可以不用考虑根系总长度对拔出强度的影响；当分枝节点过多时，用最大根系长度表征根系的拔出强度是不合适的。对比 9 种乔灌植物根系的拔出强度，侧柏、夹竹桃、酸枣和紫穗槐根系与土壤间的原始摩擦总力受分枝节点影响较大；刺槐、榆树和荆条根系与土壤间的原始摩擦总力受拔出位置直径影响较大；而栾树和胡枝子根系与土壤间的原始摩擦总力与其他指标的关系不明显。

4.3.2　根土复合体

当根系存在于土壤中时，由于长期的生长，根系与土壤形成了更为紧密的结构，我们称野外原始存在的根系与土壤的土体称为根土复合体。不含根系的土壤在自然界中常常被认为只具有塑性形变能力而不具备弹性形变能力，而实际上，土壤是既具有弹性又具有塑性的材料，但其弹性形变的能力较小，常常被忽略。当根系存在于土壤中时，由于根系具有良好的弹性性能，因此根土复合体在一定程度上表现出较强的弹性性能。我们将根土复合体比作弹塑体，简单的摩尔–库仑定律已经不能反映根土复合体的形变过程，在这里我们采用根系在土壤中的两种作用定量描述含有不同根系结构的根土复合体的强度表现。根据根系在土壤中的空间位置考虑根系的锚固作用以及根系的加筋作用，针对不同植物类型，二者在土壤中的表现不同，含有不同根系结构的植物所表现出的结构强度存在差异。植物根系固土效益见表 4.2。

由于草本植物没有主根或主根与倾斜根差异不大，因此没有计算草本植物的锚固力。表 4.2 中 9 种乔灌植物根系的锚固力和加筋力为所选定的 3 个样本的平均值，而草本植物根系的加筋力则是多株植物的平均值。选取样本时，为了保证根系结构的完整性以及成熟性，在参考了所选树种的生长特征后，乔灌树种树龄的选择在 4～8 年。在此树龄范围内，植物地下部分根系结构初步形成，根系的数量以及根系长度已经达到成熟的标准。对比 4 种乔木植物根系的根土复合体强度发现，刺槐的锚固力最大，为 3068.56 N；其次为侧柏、榆树和栾树。加筋力在 4 种乔木植物根系间的变化规律与锚固力相同。5 种灌木植物根系的锚固力都小于乔木植物，其值在 171.00～553.62 N，紫穗槐有着最大的锚固力，这是由于其根系生长速度较其他植物快，根系的数量以及根系的长度都要优于其他 4 种灌木，因此紫穗槐也存在着最大的加筋力。酸枣虽然存在着最小的锚固力（171.00 N），但其加筋力大于胡枝子根系。锚固力和加筋力在不同灌木植物间的变化关系不一致，可能是由于灌木植物根的生长速度以及根系构型存在较大差异。草本植物都选择的是一年生成熟根系，其加筋力的值仅受到倾斜根系数量以及根系构型的影响。狗尾草存在着最大的加筋力（16.80 kPa），其次是沙打旺和高羊茅，紫苜蓿和白车轴草根系的加筋力较小，这是由这两种植物倾斜根系数量较小所致。

表 4.2　不同植物类型的根土复合体强度

树种	树龄/年/生长期	锚固力/N	加筋力/kPa
侧柏	8	2458.88	7.26
刺槐	6	3068.56	9.45
栾树	7	1144.65	5.25
榆树	7	1526.20	3.16
荆条	4	432.26	9.46
胡枝子	4	287.38	5.78
夹竹桃	5	405.66	8.52
酸枣	4	171.00	6.31
紫穗槐	5	553.62	10.56
狗尾草	1 年生	未测量	16.80
沙打旺	1 年生	未测量	16.21
高羊茅	1 年生	未测量	15.75
紫苜蓿	1 年生	未测量	4.22
白车轴草	1 年生	未测量	3.61

4.3.3　根土复合体抗剪强度

根系显著影响根土复合体的力学特性，如峰值剪应力、残余应力、弹性模量、总形变能、黏聚力和内摩擦角。

剪切试验是测定根土复合体抗剪强度的常用方法，通过摩尔–库仑定律计算其黏聚力和内摩擦角以及抗剪强度增量。杨永红等（2007）通过直剪试验研究了乔、灌、草根系对土体的黏聚力和内摩擦角，结果表明抗剪强度均有增加；Loades 等（2010）通过直剪试验研究了不同种植密度下的土壤抗剪强度，结果表明土壤抗剪强度随种植密度的增加而增加。三轴试验也是常用的剪切试验，刘秀萍等（2005）通过在三轴样品中布设根系的方式研究了根系分布对土体抗剪强度的影响，结果发现，土壤中根系的排列方式对土壤抗剪强度的加强作用从大到小为水平排列加垂直排列、垂直排列，根系水平分布时抗剪强度最小。

此外，还可以利用自制的大型直剪仪对包含整个植株幼苗根系的根土复合体或者多株草本植物根系的根土复合体进行大盒直剪试验，Fan 和 Chen（2010）通过大盒直剪试验探讨了 5 种植物的根系固土效果，结果表明，垂直根和斜根对土壤抗剪切破坏能力的加强作用好于水平根；Fan 和 Chen（2010）在探究不同剪切位移下根土复合体抗剪强度变化时发现，短根在根系对土壤抗剪力的贡献中起着重要作用；Ghestem 等（2014）通过将盐肤木、麻疯树、蓖麻这三种植物种在剪切盒内进行剪切试验，结果发现，根系的密度、分枝、长度、体积、倾斜和方向等形态特征对土壤力学性质有显著提升；朱锦奇等（2014）通过对不同生长期的山矾幼苗进行剪切试验，结果发现，随着植物幼苗生长期的增加，根土复合体的抗剪切强度呈增加趋势，增长幅度先大后小，在剪切破坏的过程中，根系发生断裂的概率随幼苗生长期的增加而增加；郭肇等（2015）通过逐个径级减去根系的方法模拟了根系逐渐被破坏的过程，然后通过大盒直剪试验测定其抗剪强度的变化，结果表明，根面积比越大，根系对土壤抗剪强度的加强作用越大。

4.4 根土固土力学模型

植物的生长所带来的根系可以有效地增强土壤抵抗侵蚀和浅层滑坡的能力，边坡土壤和森林土壤的研究都证实了该现象。Willatt 和 Sulistyaningsih（1990）的研究发现，植物根系不仅可以提高土壤的承重能力，也可以提高土壤的抗剪强度。根据 Jansson 和 Wästerlund（1999）的研究发现，植物根系可以增强土壤强度达 50%～70%。为定量评估植物根系的固土效果，研究者们基于土力学和材料力学等理论提出了各类植物根系固土力学模型。

4.4.1 基于摩尔-库仑定律的固土模型

植物根系像网状的纤维结构将土壤"捆绑"在一起，因此现有的研究将植物对土壤的加固效果当作一种附加的黏聚力 c_R。由于根系分布的方向是随机的，且自然界剪切力和破坏的方向也不一定，所以其对土壤内摩擦角的影响往往是被忽略的。

为了解决植物根系的存在对土壤抗剪强度影响的量化表达，Fredlund 和 Xing（1994）总结了非饱和根土复合体状态下的强度公式。

$$S = c' + (\mu_a - \mu_w)\tan\varphi_b + (\sigma - \mu_a)\tan\varphi' + \Delta S \qquad (4.1)$$

式中，S 为土壤抗剪强度，kPa；c'为根土复合体的有效黏聚力，kPa；μ_a 为孔隙内部空气压力，kPa；μ_w 为孔隙水压力，kPa；φ_b 为由基质吸力变化导致的抗剪强度增加角，°；σ 为作用于剪切面的正应力，kPa；φ'为土体有效内摩擦角，°；ΔS 为由植物根系所提供的抗剪强度增量，kPa。而后，Wu（1976）和 Waldron（1977）基于此提出了以极限平衡理论为基础的根系模型，简称 Wu 模型。

他们认为根系的固土作用主要反映在对土壤黏聚力的影响上，而对于土壤内摩擦角的影响甚微。其模型假设条件为：①假设所有根系都穿过剪切面；②假设所有的根系都是侧向受力，并且在剪切过程中剪切面的面积以及剪切厚度不发生改变；③假设根系在发生变形时，所有根系的变形位移保持一致，并且当所有根系达到极限抗拉强度时瞬间全部断裂。因此，通过摩尔-库仑定律得到 Wu 模型的表达式为

$$\Delta S_r = (\cos\theta\tan\varphi' + \sin\theta)t_m\frac{A_m}{A} \qquad (4.2)$$

式中，ΔS_r 为由于根系存在而增加的剪切强度，kPa；θ 和 φ' 分别为根土复合体的剪切变形角以及内摩擦角，°；t_m 为单位面积内根土复合体中根系的平均抗拉强度，kPa；A_m/A 为植物根系横截面积与土体横截面积的比值。Wu 等（1979）对两个角度进行了敏感性分析，在通常变化范围内（$40° < \theta < 70°$ 和 $25° < \varphi' < 40°$），$\cos\theta\tan\varphi'+\sin\theta$ 的值保持在 1.0～1.3，因此式（4.2）可以简化为

$$\Delta S_r = 1.2 t_m \frac{A_m}{A} \tag{4.3}$$

而后 Gray 和 Barker（2013）将 Wu 模型进行了进一步简化（图 4.1），并给出了根系斜交剪切面的抗剪强度公式：

$$\Delta S_r = \left[\cos\left(90 - \psi\right)\tan\varphi' + \tan(90 - \psi)\right] t_m \frac{A_m}{A} \tag{4.4}$$

式中，ψ 为根系断裂时根系与剪切面的夹角，°，其值可由式（4.5）得到：

$$\psi = \tan^{-1}\left(\frac{1}{\tan\theta + 1/\tan i}\right) \tag{4.5}$$

式中，θ 为剪切变形角，°；i 为相对于剪切面根系的初始角度，°。根系垂直于剪切面时，$\psi = \theta$。而后 Gray 和 Ohashi（1983）、Greenway（1987）、Abernethy 和 Rutherfurd（2001）、Simon 和 Collison（2002）等通过对 θ 和 φ' 进行不同的假设得到了相应的修正值（表 4.3）。

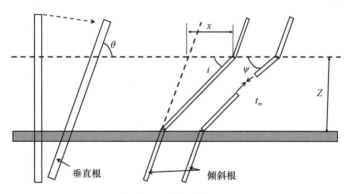

图 4.1　垂直根系和倾斜根系的剪切破坏原理图

Z 为剪切面，x 为剪切位移

表 4.3　有效内摩擦角以及增强值在不同条件下的变化

剪切变形角 θ/（°）	土壤内摩擦角 φ'/（°）	根系增强土体抗剪强度系数变化	文献
20.0～40.0	40.0～70.0	0.92～1.31	Gray 和 Ohashi（1983）
30.0	0.0～90.0	0.58～1.16	Waldron（1977）
20.0～40.0	40.0～70.0	0.56	Pollen（2007）
16.0	43.0～66.0	1.00	Abernethy 和 Rutherfurd（2001）
20.0～40.0	40.0～70.0	0.63	朱锦奇等（2014）
>35.0	50.0～60.0	1.20	Greenway（1987）
20.0～40.0	40.0～50.0	1.20	Dupuy 等（2005）
20.0～40.0	40.0～70.0	1.20	Simon 和 Collison（2002）

　　Wu 模型可以简单地用于根土复合体抗剪强度增量的定量计算，对于评价不同根系数量以及根系抗拉强度对坡体稳定的影响具有重要的意义。但是在 Pollen 和 Simon（2005）、Operstein 和 Frydman（2000）、Waldron 和 Dakessian（1981）等的研究中发现，由于其理想的假设条件，该模型过高地估计了根系的增强作用，并且如果把 Wu 模型的结果应用到实际的边坡稳定分析中，可能会导致由过高估计的坡体稳定而造成不必要的财产损失和人员伤亡。

4.4.2　纤维素模型

　　纤维素模型的假设条件有：①假设植物根系为仅具有弹性形变的线性材料；②拉伸刚度相同，生长情况以及生长方向一致；③受到破坏时为轴向破坏；④当发生破坏时，破坏力超过抗拉强度的根系被破坏，而后没有发生断裂的根系平均施加的载荷；⑤所有根系全部断裂时认为根土复合体不再发挥抵抗剪切破坏作用。

　　Thomas 和 Pollen-Bankhead（2010）给出了纤维素模型（图 4.2）的控制方程：

$$L_{\text{ult,u}} = f_{\text{app}} l_{\text{a,t}} \tag{4.6}$$

式中，$L_{\text{ult,u}}$ 为第 n 个根破坏时的荷载，N；f_{app} 为荷载分配函数；$l_{\text{a,t}}$ 为总附加荷载，N。在根系逐渐断裂的过程中，由于根系材料具有不均匀性，所以引入概率密度分布函数（PDF），即参数 f_{app}。为了模拟材料的无序状态，纤维素模型的起始强度应满足 Weibull 分布，其具体表达形式为

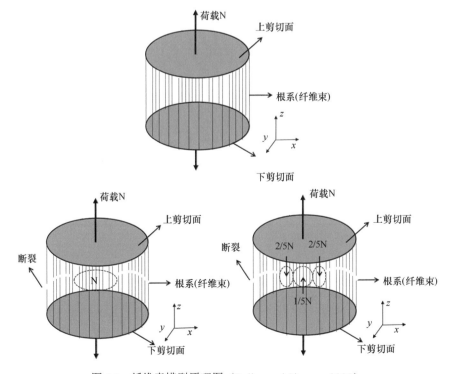

图 4.2　纤维素模型原理图（Pollen and Simon，2005）

$$p(\sigma_{th}) = \frac{m}{k}(\frac{\sigma_{th}}{k})\exp\left[-\left(\frac{\sigma_{th}}{k}\right)^m\right] \tag{4.7}$$

式中，σ_{th} 为单根断裂时的临界强度，MPa；m、k 分别为形状参数和尺寸参数，两者均大于 0。在实际环境中，通常采用野外调查的方法得到不同根系直径的实际分布情况，而根系抗拉强度也往往是通过抗拉试验得出，因此得到的数据要比 Weibull 分布更准确。基于 Weibull 分布函数，可以求得相应的累积分布函数为

$$p(\sigma_{th}) = 1 - \exp\left[-\left(\frac{\sigma_{th}}{k}\right)^m\right] \tag{4.8}$$

纤维束模型（fidber bundle model，FBM）中对荷载的加载模式有两种，即应力控制荷载加载模式和应变控制荷载加载模式。在应力控制荷载加载模式下，单个根系达到其破坏强度时发生断裂。与应变控制加载模式相比，其根系在逐渐破坏过程中存在荷载的重新分配现象。但由于根系在断裂后，荷载并非在所有根系上平均分布，因此 Hidalgo 等（2001）提出了两种荷载重新分配方式，即全部荷载重新分配的剪切（global loading shearing，GLS）和部分荷载重新分配的剪切（local loading shearing，LLS）。

在 LLS 情况下，认为根系在断裂后荷载仅重新分配在断裂根系附近未发生断裂的根系上，而其他位置荷载保持不变。针对 GLS，Simon 和 Collison（2002）又将该模式荷载的分配分为两种情况：①不考虑根系的直径，荷载是均匀分布在所有根系上的；②根据根系的直径大小对荷载进行分配。Hidalgo 等（2001）也给出了 GLS 的分配方程：

$$L = d_i^c / \sum_{i=1}^{n} d_i^c \tag{4.9}$$

式中，L 为单个根所分配到的荷载，N；d_i^c 为根系中第 i 个根的根径，mm。虽然近些年学者们对该模型中荷载的分配问题没有得到进一步的研究结果，但不能忽视的是纤维素模型相比于 Wu 模型，更贴近于实际，并且考虑了根系逐渐被破坏过程，得到了更为合理的根系增强土壤抗剪强度的值。目前纤维素模型在国内应用的实例较少，尚未得到更为广泛的采用。

4.4.3　根束模型

根束模型相比于以往的模型，除考虑了垂直根系的破坏机理，同时也考虑了侧根在根土复合体剪切破坏中发挥的作用，侧根对边坡稳定的作用往往是决定植物根系对土壤抗剪强度增量表达的关键。Schwarz 等（2010a，2010b，2010c）最先提出了根束模型（root bundle model，RBM）来评价植物根系对土壤抗剪强度的增强效应。根束模型（图 4.3）中不仅含有根系抗拉强度、根系直径等常见指标，同时也包括根系长度、弯曲度以及根系分枝等其他模型没有考虑的指标。

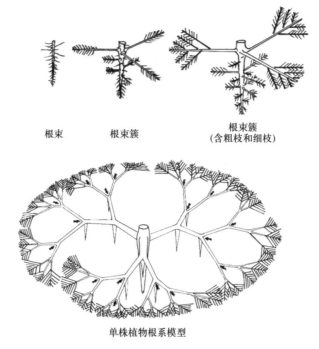

图 4.3　根束模型原理图（Schwarz et al.，2010a，2010b，2010c）

由于根系结构的空间分布在很大程度上影响着植物根系的土壤抗剪强度，因此需要定义植物根系分布模型得到一般形式。同样地，根束模型也认为根系的空间分布符合Weibull 分布：

$$p(d;m,k)=\frac{m}{k^m}d^{m-1}\exp\left[-\left(\frac{d}{k}\right)^m\right] \tag{4.10}$$

式中，p（d）为 Weibull 分布方程；d 为根系直径；m 和 k 为 Weibull 分布方程的形状参数和尺度参数。这个方程假定围绕根系主茎向四周延展方向上，唯一发生变化的指标为根系数量。相比于纤维素模型，根束模型荷载的加载方式为位移控制加载，因此有效地避免了根系断裂后荷载再分配问题。

另外，在纤维素模型中，当根系断裂后，应力–应变曲线终止，而在根束模型中，可以得到根系断裂后的完整应力–应变曲线。根束模型的具体表达方式为

$$F_x(\Delta x)=\sum_{j=1}^{N}F_j(\Delta x)n_j \tag{4.11}$$

式中，F_x（Δx）为整株根系的拔出力，N；F_j（Δx）为属于 j 类根径的单根的拔出力，N；n_j 为根系中属于 j 类根径的单根的数量；N 为根系直径分类数量。

同样地，根束模型的应用也存在以下假设：①根系在受到剪切破坏断裂过程中，根系与根系间的相互作用不考虑；②根系在拔出试验中的排列方向不会对破坏过程产生影响。尽管存在以上假设，该模型仍然被认为是最贴近根系生长实际情况的理论模型，因此受到越来越多研究学者的重视，但该模型也存在一定的局限性。由于该模型是建立在

乔木根系基础上，因此其对含有大量细根以及倾斜根的草本植物的适用性较差，模型的普遍适用性还需进一步研究。

4.4.4　能　量　模　型

以上介绍的根系力学模型预测根对土体强度贡献大多是以根土接触处摩擦应力为基础建立的。这些模型中，根据根系的力学特性、几何形态、应变和破坏模式来评估根系的强度贡献。为了简化剪切破坏过程中复杂的根土相互作用，Ekanayake 和 Phillips（1999）根据能量守恒定律提出能量模型。

能量模型中假设：①素土在剪切过程中的应力–应变曲线达到剪切应力峰值后，剪切应力出现快速减小趋势，而根土复合体在剪切过程中的应力–应变曲线达到剪应力峰值后，剪切应力缓慢减小；②直剪试验中每个时间点上的剪力与剪切位移的乘积之和即为消耗的能量；③代表根土复合体和素土的曲线与横坐标轴所围面积之差就是根系存在产生的能量差值，即为根系对土壤的加强作用。理想应力–应变曲线图如图 4.4 所示。

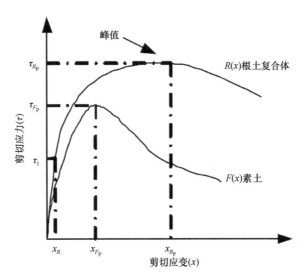

图 4.4　理想应力–应变曲线（Ekanayake and Phillips，1999）

τ_1 表示比例强度，x_R 为线弹性阶段应变

从素土剪切过程中的应力–应变曲线可以得到其消耗的能量为

$$E_F(x_{F_p}) = \int_0^{x_{F_p}} F(x)\mathrm{d}x \tag{4.12}$$

从根土复合体剪切过程中的应力–应变曲线可以得到其消耗的能量为

$$E_R(x_{R_p}) = \int_0^{x_{R_p}} R(x)\mathrm{d}x \tag{4.13}$$

根据假设条件③，植物根系对土壤抗剪强度的加强作用的表达式为

$$\Delta E(x_{R_p}) = \int_0^{x_{R_p}} \left[R(x) - F(x)\right]\mathrm{d}x \tag{4.14}$$

式中：$F(x)$、$R(x)$ 分别为素土和根土复合体在剪切过程中的应力-应变关系曲线函数；x_{F_p}、x_{R_p} 分别为素土和根土复合体剪切过程中的最大剪切应变。

通过对应力-应变函数的推演可以得到能量法的安全系数的表达式，由此来进行稳定性分析。

剪切过程中的剪应力为

$$\tau = \tau_{R_p} \left[1 - \left(\frac{x}{x_{R_p}} - 1 \right)^2 \right]^{0.5} \tag{4.15}$$

式中，x 为剪切位移；τ 为剪切位移为 x 时的剪应力；τ_{R_p} 为剪切位移为 x_{R_p} 时的剪应力。

安全系数随剪切位移的变化为

$$SF_R = \frac{\pi x_{R_p}^2}{2\left[(x - x_{R_p})\sqrt{x_{R_p}^2 - (x - x_{R_p})^2} + x_{R_p}^2 \sin^{-1}\frac{(x - x_{R_p})}{x_{R_p}} \right] + \pi x_{R_p}^2} \tag{4.16}$$

从式（4.16）可以看出，没有出现黏聚力和内摩擦角这些土壤抗剪强度参数，只有剪切试验的数据，即可计算安全系数。能量法原理清楚，计算简便，但是剪切试验的适用条件较有局限性，计算精度较差，所以在实际情况中的应用较少，发展受限。

第5章 植物根系固土动态研究

5.1 实 验 准 备

5.1.1 研究区状况

研究区位于中国西南地区，重庆市北碚区缙云山国家级自然保护区内，地理坐标为106°17′E～106°24′E，29°41′N～29°52′N。气象数据来自重庆缙云山三峡库区森林生态系统国家定位监测站。

缙云山作为温塘峡背斜的一条分支，东西南北段的地貌各不相同。其中，南侧为箱形山脊，山峰顶部较为平缓；东侧为陡坡，平均坡度大于 60°；西侧则相反，平均坡度仅约 20°，因此两侧的植物覆盖情况差异较大。缙云山的海拔在 200～952 m，相对高差 752 m。其中，试验地的海拔约为 743 m，平均坡度小于 5°，坡向主要为西北。

试验地所在的缙云山地区（表 5.1）属于典型的亚热带季风湿润性气候，年最低平均月气温为 3.1℃，极端最低气温为–4.6℃，出现在 1 月；年最高平均月气温为 24.3℃，极端最高气温为 36.2℃，出现在 8 月，年平均气温为 13.6℃；年平均相对湿度为 87%，年平均降水量为 1611.8 mm，年平均蒸发量为 777.1 mm。

表5.1 缙云山气象站所测定的当地地形地貌、气候和土壤特征值

特性名称	值
海拔/m	200～952
坡度/°	<5
坡向	西北
年平均气温/℃	13.6
年平均相对湿度/%	87（最大值为 100）
日照时间/h	3.6
风速/kn	2（最大值为 14）
年平均降水量/mm	1611.8
年平均蒸发量/mm	777.1
平均土壤深度/m	1.2
pH	5.1

试验地的土壤属于三叠纪须家河组厚层石英砂岩风化发育的酸性黄壤。研究区所处位置的土壤在统一土壤分类系统（unified soil classification system，USCS）中可被

划分为 OL（organic silts and silty clays with low plasticity，低塑性有机粉土和粉质黏土）类。其中土层 0～0.5 cm 深度的土壤特性见表 5.2。

表 5.2　土层 0～0.5m 深度的土壤特性

土壤深度 /m	土壤密度 / (g/cm³)	紧实度 /kPa	黏粒占比/% (<0.002 mm)	粉粒占比/% (0.002～0.02 mm)	沙粒占比/% (0.02～2 mm)
0～0.1	1.12±0.22	42.6±3.79	34.5	39.6	25.9
0.1～0.3	1.3±0.22	68.4±6.67	21.4	43.9	34.7
0.3～0.5	1.35±0.19	78.9±5.88	18.9	46.2	34.9

试验地为 20 世纪 80 年代开始的休耕地和林地，立地条件良好，土壤肥沃，植物种丰富。同时，山下还有种植了多个造林树种的苗圃。保护区内植物覆盖度达到 96.6%，区域占地面积最大的为常绿阔叶林，同时还有针叶林、针阔混交林、竹林等。区域内以缙云山植物为标本命名的共有 38 种。

5.1.2　研究内容与方法

1. 研究内容

本研究的主要目的是探究植物根系在不同的动态过程中，即不同含水量、不同生长与死亡时期根系的生物量、力学特性、化学组成特性和土壤的加固效果的动态变化。通过在直盒内和林地内种植乔灌草不同类型的植物，调查并测定不同土壤含水量下，植物死亡过程（1 年）和植物种植过程（6 年）的相关参数的变化。其中，植物根系的生物量、力学指标有：根长密度（RLD）、根面积比（RAR）、抗拉强度、拔出强度、杨氏模量和应变量；化学组成有：纤维素、半纤维素和木质素；根系对土壤的加固效果参数有：含根土（根土复合体）抗剪强度指标、最大抗剪强度增量、屈服抗剪强度增量、黏聚力和内摩擦角。获得植物根系力学和化学特征参数后，对不同力学特性参数和化学组成参数之间的相互关系进行研究，包括其本身的相互关系、随动态过程的变化关系，以及随动态过程变化率的相互关系，探究植物根系的生物力学特征（bio-mechanical properties）的内部机理，为寻找描述根系固土效果的最适参数奠定基础。在对植物根系固土效果的实际测试中，本研究分别针对植物种植样地内的含根土和无根土的原状和重塑状态进行了小尺寸直剪试验（获得黏聚力和内摩擦角）和整根的大尺寸直剪试验（获得屈服点和最大值点的抗剪强度增量），并对剪切后土壤中的根系破坏情况进行了调查。使用直剪试验的结果与现在较为广泛使用的相关根系固土力学计算模型计算的结果进行比对，并结合植物根系的生物量参数、力学参数以及化学组成参数，分析根系固土效果的动态变化及其影响因素，最终明确动态过程中的植物固土效能，寻找到最适合描述动态过程中的根系固土效果的参数。

本章的研究重点为不同土壤含水量、不同植物生长和死亡时期根系的生物力学特性、化学组成及其固土效果的动态变化和相互关系。

2. 研究方法

根面积比（RAR）和根长密度（RLD）是本研究中地下根系生物量特征的指标量，

其中根面积比可以表达为

$$RAR = \frac{\sum_{i=1}^{n} A_{ri}}{A_{shearplane}} \tag{5.1}$$

式中，A_{ri} 为挖掘取得的根系的横截面积，mm^2；$A_{shearplane}$ 为植物所占剪切面的大小，mm^2。

根长密度为根系的总长度占土壤总体积的百分比，可表达为

$$RLD = \frac{\sum_{i=1}^{n} D_{ri}}{A_{shearplane} \times H} \tag{5.2}$$

式中，D_{ri} 为挖掘取得的根系的长度，mm；H 为土层深度，mm。根长密度的参数分不同直径根系统计，其中直径大于 D 的根长密度 $P（D）$ 的表达式为

$$P(D) = C \exp(-kD) \tag{5.3}$$

式中，C 和 k 为根系长度性质的参数。

其中，植物单根抗拉强度 T_r（MPa）可表示为

$$T_r = F_{max} \bigg/ \pi\left(\frac{D}{2}\right)^2 \tag{5.4}$$

式中，F_{max} 为根系断裂时可承受的最大抗拉力，N；D 为根系直径，mm。

杨氏模量计算的是植物根系的抗拉实验得到的应力-应变曲线中发生塑性形变的一段，可表达为

$$E_r = F_y L \bigg/ \pi\left(\frac{D^2}{4}\right)\Delta L \tag{5.5}$$

式中，E_r 为杨氏模量；F_y 为屈服极限处的应力，N；L 为根长，mm；D 为根系直径，mm；ΔL 为根系在屈服点位置的形变量，mm。

然而，根系作为一种不同于金属或者其他均质的材料，其应力-应变曲线的前半段并非均匀的直线，所以在杨氏模量的计算中，本研究定义根系应力-应变曲线中前半段准线性部分为弹性形变部分。在试验过程中，根系很容易在夹具交接的位置断裂，但此时的断裂并非根系本身所能抵抗的最大抗拉力。为增加试验成功率，除了在夹具中增加海绵垫，还在植物根系的两端缠上多层胶带。经过处理后，根系成功地在中间位置断裂，试验成功的概率约30%。

为了计算植物根系对土壤的加固效果，在大盒直剪试验结果中，因为剪切面的面积会随着剪切的进行而发生变化，故本研究将土壤的剪切力（F_s，kN）计算为土壤的应力（τ，kPa）；而将剪切位移（d，m）计算为应变（ε，%），即将力-位移曲线转化为应力-应变曲线。应变和应力的计算可以表达为

$$\tau = \frac{F_s}{0.4(0.4 - d)} \tag{5.6}$$

$$\varepsilon = \frac{d}{0.4} \tag{5.7}$$

式中，τ 为切向的土壤应力，kPa；d 为切向的位移，m；0.4（部分试验中为 0.3）为直剪盒的直径，m；ε 为土壤的应变，%。这里土壤的应变和传统或者理想土力学、工程力学中的应变并不一样，在那些模型中，应变被定义为与剪切方向垂直的应变，而本研究中的应变被定义为直剪盒相互之间发生的应变，这样的定义方式同样在很多前人的根系固土研究中运用，并被证明具有较为准确的计算和比较效果。在每个应力-应变曲线中，分别获取屈服强度（在屈服点时的抗剪强度值）τ_{rooted}(Yield)，并将其与无根土的对应屈服强度 $\tau_{root\,free}$(Yield) 的差值称为根系固土效益（τ_r），可以表达为

$$\tau_r = \tau_{rooted}(Yield) - \tau_{root\,free}(Yield) \tag{5.8}$$

在根系固土效果的计算中，越来越多的学者使用屈服点的抗剪强度的差值取代最大抗剪强度的差值来计算根系固土的效果。为使结果更具有对比可靠性，本研究也将计算最大抗剪强度的差值，并与屈服点的差值做对比。

不同土壤含水量、不同植物根系死亡和生长时期下根系的抗拉强度都与其直径存在幂指数关系，可表达为

$$T_r = aD^{-b} \tag{5.9}$$

式中，T_r 为根系的抗拉强度，kPa；D 为根系直径，mm；a 和 b 均为系数。

本研究分别对根系的力学特性和化学组成特性随不同土壤含水量、不同生长和死亡时期下的根系生物力学参数的变化特征进行相关性和变异性分析。另外，对含根土的相关特性随不同土壤含水量、不同生长和死亡时期下的根系生物力学参数的变化特征也进行相关性和变异性分析。本章所有数据分析的置信区间都为 95%，相关拟合图形分析所用的软件都为 Origin 2016。

为分析根系的力学特性、化学组成特性参数和含根土参数间的相关关系，本章首先对相关的根系生物力学特性参数（抗拉强度、拔出强度、杨氏模量、伸长率），成分含量（化学组成）参数（纤维素、半纤维素、木质素）和根土复合体抗剪强度参数（屈服点根系增强值、极值点根系增强值、屈服点应变、极值点应变、根系断裂比例、模型计算值、根面积比、根长密度）进行多因素方差分析（ANOVA），并运用模型计算的结果，探究影响植物根系动态固土效果变化的主要因素。然后，运用 Pearson 相关系数和主成分分析对所有根系的生物力学特性参数和根土复合体抗剪参数进行分析，前者探究影响植物根系强度的潜在因素，后者探究影响根土复合体强度的潜在因素。在上述分析前，所有的数据都被标准化。最后，使用方差分析对影响根系动态固土效果的所有参数进行分析，得到动态变化中根系固土效果变化的程度和最主要的影响因素。上述的分析主要使用 R 语言 v3.5.2。

3. 技术路线

植物根系固土机理和动态过程研究技术路线图如图 5.1 所示。

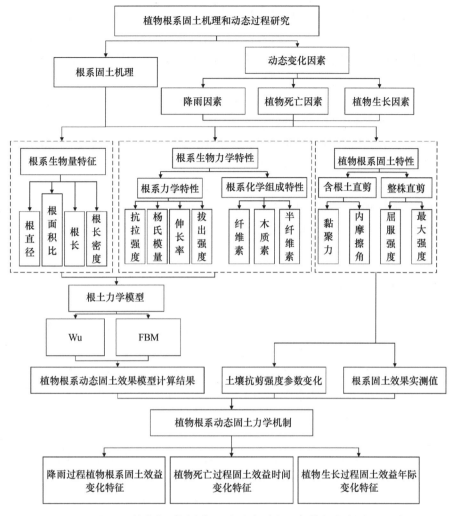

图 5.1　植物根系固土机理和动态过程研究技术路线图

5.2　根系固土机理

本章选择重庆缙云山地区为主要的研究区，在林地内和大尺寸直剪盒内种植乔灌草（四川山矾、大叶黄杨、狗牙根）和四川山矾的幼树。在土壤的不同含水量、植物生长和死亡的不同时期三个动态因素下，调查和测定不同状态下根系的生物量特征，包括根面积比、根干重比和根长密度；力学特性，包括抗拉强度、杨氏模量、伸长率和拔出强度；化学组成，包括纤维素、半纤维素和木质素含量。总结不同动态因素下植物根系各个指标的变化规律，并进一步研究植物根系的相关力学参数和化学组成参数间的内部影响机理，探索影响根系力学表达和固土效果的生物力学机理。

在获得根系的生物力学和化学组成特性，以及含根土和整根的抗剪强度和抗剪强度增量数据后，深入研究根系与土壤间的相互作用方式，探究植物根系力学加固土壤的机理。通过分析不同根系剪切后的破坏状况，对影响根系固土效果的指标进行提取，优化根系的固土模型。同时，针对不同动态过程（土壤含水量、不同生长和死亡时期）的根系固土效果的动态变化，利用根系的生物力学特征指标与固土效果的最后结果进行比对和分析，提取对固土效果影响显著的相关指标，理解根系动态的固土效果驱动因素和影响机理。

植物对土壤的机械加强作用主要是植物根系通过其较大的抗拉强度，将土壤固定在一起，提高土壤的抗剪强度。本章针对不同动态过程中（不同土壤含水量、植物生长和死亡的不同时期）的植物养地内的含根土和无根土的小尺寸直剪试验、整根的大尺寸直剪试验，分别得到植物根系对土壤抗剪强度参数（黏聚力和内摩擦角）的影响、整根增强土壤的屈服强度和最大强度，以及根系在直剪试验后的破坏方式。探究动态过程中植物固土效果的变化规律，对影响因素和根系固土效果的相互关系进行分析。结合植物根系的生物力学特性和化学组成特性的动态变化，探究植物根系固土的动态过程。

1. 土壤基础力学参数

首先对自然生长的林内土壤的基础特征参数进行测定，主要包括：土壤含水量、孔隙水压力、容重、紧实度、粒径分布、pH、土壤深度、有机质、抗剪强度参数（黏聚力和内摩擦角）等。所用仪器为土壤紧实度仪（SC-900，美国），按照"S"形在林内的植物间隙进行土壤紧实度的测定（避开植物根系），共测定 3 个不同土层的土壤紧实度，分别是 0~10 cm、10~20 cm 和 20~30 cm。用取土刀小心地刮去土壤表层的枯枝落叶和腐殖质，在林内挖出长度和宽度都为 1.5m、深度为 0.5m 的土壤剖面，使用取土刀取得土壤的碎屑进行土壤有机质、土壤粒径分布等参数的测定（表 5.3）；使用直径为 61.8mm、高度为 2mm 的土壤环刀获取土壤的原状土样品，进行土壤容重、抗剪强度参数等的测定。其中，土壤容重使用称重法进行测定，土壤有机质使用重铬酸钾滴定法进行测定。土壤的粒径分布采用激光粒度分析仪（Master Size S3500，美国）进行测定。土壤液限和塑限采用碟式液限仪（TYS-3，中国）进行测定。用于直剪盒内种植植物的土壤按照统一土壤分类系统（USCS）对土壤类型进行划分。

表 5.3 林内原状土的基本参数（土标准差）

土层深度	土壤容重 /（g/cm³）	紧实度 /kPa	黏聚力 /kPa	内摩擦角 /（°）	土壤液限 /%	土壤塑限 /%
10~20 cm	1.29±0.26	72.00±19.63	15.36±5.21	22.70±2.71	49.30±3.96	8.70±1.41

进行土壤含水量对根系固土效果的研究之前，需首先对当地的土壤状况进行研究，获得土壤水分特征曲线（SWCC）（图 5.2）。为此，本研究使用 5 bar[①]压力板仪对土壤施加不同的压力，同时保证 24 h 对土壤的体积含水量进行监测。土壤含水量使用土壤含水量探针 5 TM 进行测定（使用 Em50/G 数据采集装置，Decagon 公司）。土壤水分特征曲线呈现出"S"形特征，本研究使用 van Genuchten（1980）的公式对其进行拟合：

$$w(\psi) = w_r + \frac{w_s - w_r}{[1 + (a|\psi|)^n]^{1-1/n}}$$ (5.10)

---

① 5 bar = 500kPa。

式中，$w(\psi)$ 为土壤保持曲线，单位为 L^3/L^3；ψ 为土壤基质吸力；w_s 为饱和土壤含水量，单位为 L^3/L^3；w_r 为土壤残余含水量，单位为 L^3/L^3；a 为系数，与吸入气体量的倒数相关，单位为 L^{-1} 或者 cm^{-1}；n 描述土壤孔隙大小的参数。

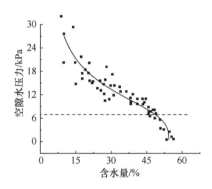

图 5.2　研究区内土壤水分特征曲线（SWCC）

曲线以 van Genuchten 公式来进行拟合

林内土壤的抗剪强度参数的测定采用四联等应变直剪仪进行测定。使用的土壤样品为林内取得的原状土样本，直径为 61.8 mm，高度为 20 mm。将土壤压入直剪仪后，分别施加 50 kPa、100 kPa、150 kPa、200 kPa 的垂直（法向）荷载。直剪仪的设定剪切速度为 2 mm/min。林内土壤样本测定时的含水量被控制在 22.3%～27.35%。土壤的有效黏聚力和内摩擦角基于摩尔–库仑定律进行计算。

2. 植物根系固土动态过程

1）土壤水分变化过程

原状无根土和含根土样品采集于 2016 年夏季，分别在降雨后的每 1 个小时取一次原状样品。直剪试验完后，统计环刀内土壤的 RAR，其中，只有 RAR 在 0.19%～0.21% 的样品数据能被采用，最后得到有效的原状含根土直剪结果 68 个，无根土的直剪结果 56 个。重塑无根土和含根土土样采集于林内 10～20 cm 的土层，无根土的样品是根据林内土壤的平均容重 1.29 g/cm³ 来制备，首先称取 77.39 g 土壤，分层压实到高 2 cm、直径 6.18 cm 的环刀中，然后上下底分别盖上同样大小的滤纸，最后盖上带有小孔的铝制盖子。在重塑的含根土样本制备中，按照根系的自然分布规律，约放入直径 1～1.5 cm 的根系 4 根，直径 1.5～2 cm 的根系 2 根。重塑的无根土样本和含根土样本都通过不同的浸泡时间控制样品的土壤含水率，通过预实验，得到 13%～40% 含水率的样品。最后进行不同垂直荷载下的直剪试验，得到有效的重塑无根土直剪结果 48 个，含根土直剪结果 48 个。

实验室中采用应变控制式直剪仪对土壤的抗剪强度进行测试，并按照土工试验标准进行，使用南京土壤仪器厂的四联等应变直剪仪进行测试，设置 4 个垂直荷载，分别是 100 kPa、200 kPa、300 kPa 和 400 kPa，剪切速度为 0.0002 m/min，直到土壤被剪坏或者百分表的数字不再变化。所有的原状土试验都在采集后的 3 天内完成。土壤的抗剪强度参数：黏聚力和内摩擦角根据摩尔–库仑定理计算而来。

2）植物生长过程

三种样本植物：四川山矾、大叶黄杨和狗牙根被作为植物生长过程的研究样本。三种植物样本分别种植在林窗的三个独立区域，其中，采集于缙云山苗圃的 1 年的四川山矾和 40 cm 高的大叶黄杨样本作为种植的初始样本。在种植之前，0～60 cm 深度的所有土壤都被挖出，并过土壤筛，除去土壤中的其他植物根系、动物尸体、石头和人为垃圾等杂质。四川山矾在林内共种植 12 棵，每棵植物间隙 2 m；大叶黄杨共种植 25 棵，每棵植物间隙 1 m。种植后，使用布和枯枝落叶覆盖植物减少蒸腾。狗牙根以 8 g/m² 的密度播种，播种后，在种子上撒上细小的土壤颗粒并覆盖无纺布，使用喷壶缓慢地浇水。这些方法可以防止种子被冲走，并减少蒸发，有利于幼苗生长。

分别对植物生长过程中的土壤原状土和重塑土样本进行采集。土壤的样本都分别采集于种植了不同类型植物的区域内，空白对照组采集于旁边的休耕地。按照"S"形在林地内 0～20 cm 和 20～40 cm 两个土层内，竖直打入直径为 6.18 cm、高度为 6 cm 的土壤环刀，使用小钢锯缓慢锯断环刀面上的根，随后密封带回实验室。每年共采集土壤样本 432 个。通常情况下，土壤样本在降雨后的第三天采集，土壤含水量约为 24%。土壤在野外采集后放入密封箱保存，运送至实验室，放置于 4℃ 的恒温箱中。因为野外切割过程中对环刀与土壤的交界面结构影响较大，野外取回的含根土样本需要在实验室进行再次切割，即取每个高度为 6 cm 的含根土中间的 2 cm 样本作为直剪试验的样品，用削土刀小心地削去上下多余的土。本试验中的重塑土壤根系样本中的生物量按照原状土的结果进行配置。分别在种植的 1 年（初始时期）、2 年、3 年、4 年、5 年和 6 年的六个时期对根系的力学化学组成特性进行测试试验和直剪试验。

除了林地内的植物种植情况，为进行整根的直剪试验，本研究将 3 年生的 15 株四川山矾直接种植到长 30cm、宽 30cm、深 50cm 的直剪盒内。种植之前，用小木刷刷去附着于根系上的土壤，将根系放在标准刻度纸前面，多角度进行拍照，用于后期计算原始的根系生物量特征。在土壤沉降 3 周，植物继续生长 3 周之后开始试验，最后正常生长的样本一共 12 株。根据根系植物的初始根系生物量特征，将植物分为 4 组，其中 a 组的根面积比为 0.25%～0.265%；b 组为 0.265%～0.275%；c 组为 0.285%～0.295%；d 组为 0.305%～0.315%。分别在种植的 1 个月、4 个月和 1 年三个时间点对根系的力学化学组成特性进行测试试验和直剪试验。

3）植物死亡过程

为进行植物根系死亡过程固土效益衰亡的研究，将健康的约 50 株 1 年生的四川山矾样本种植在直剪盒中。直剪盒放置在林地内，经过 2 年的生长后，共有 36 个样本正常生长，将正常生长的植物样本的地上部分的主茎割除。在此之后，分别在 0 月（刚刚砍伐后）、1 个月、3 个月、6 个月、9 个月和 12 个月对每四株植物样本进行根系的力学化学组成特性的测试试验和直剪试验。

5.3　土壤含水量对根系固土的作用

5.3.1　根系固土机理

1. 根系生物量和力学特性

在土壤含水量发生变化时，土壤中的植物根系本身的含水量也会发生变化，导致根系抗拉强度发生变化（图 5.3）。在土壤体积含水量在 15%～40%时，本研究中四川山矾根系的含水量在 62.78%～68.47%，而此时不同含水量下的根系抗拉强度并无显著的差异。

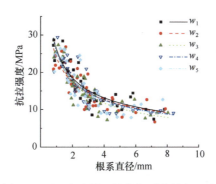

图 5.3　不同含水量下植物根系的抗拉强度

w_i（i=1，2，3，4，5）表示含水量梯度，此时植物根系的平均含水量分别是 62.78%、63.42%、66.81%、67.24%和 68.47%

与植物根系抗拉强度的变化不同，植物根系的拔出强度，特别是细根（直径小于 2 mm）的根系拔出强度随着土壤含水量的增加而显著降低（图 5.4）。在测试的三组数据中（小于 1 mm、1～1.5 mm 和 1.5～2 mm），小于 1 mm 的根系有着最大的拔出强度，但同时因为含水量增高而降低的程度也最大。直径较小的根系具有较大的拔出强度意味着其与土壤的键合更为稳定，在土壤发生破坏时更有可能发生断裂破坏而非滑出，而较粗根系则因拔出强度过低，在未使其拉断之前根系表面与土壤发生分离，随后可能会被更多地拔出土壤。类似的结果也出现在 Wu 和 Watson（1998）的研究中，仅有 33%的根系在直剪破坏后被拉断。

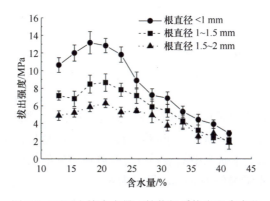

图 5.4　不同土壤含水量下植物根系拔出强度变化

2. 根系破坏方式

植物根系的固土效益与根系–土壤间的键合方式有很大关系，为研究根土复合体中的根系在不同含水量下的破坏类型，本书统计了直剪试验后的剪切面附近根系的破坏方式。根系存在两种破坏方式：拔出和断裂（图5.5）。在含根土发生直剪破坏后，只有少部分根系发挥了其抗拉强度被拉断，大部分根系被拔出土壤或发生错位。在含水量低于27%的情况下，原状土的直剪试验中，12%～39.13%的根系会被拉断，随着含根土含水量的持续升高，根系的断裂数继续减少。在含水量较高的情况下（>35%），没有根系在直剪试验后发生断裂，此时植物根系所能提供的固土效果也不显著（最小仅为5 kPa）。此时，植物根系的拔出强度也随着含水量的升高而降低，拔出强度的降低导致根在土壤被剪切破坏的过程中更易被拔出，未发挥全部的固土效能。在含水量低于27%的情况下，重塑的含根土8%～24%的根系被拉断，重塑土样品的试验中，根系断裂的数量更少；随着土壤含水量的增加，当含水量>30%后，没有根系在直剪试验后发生断裂。相对于原状土，重塑土样本中更少的根系断裂。

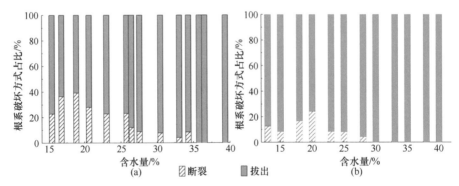

图5.5　不同含水量下直剪试验后含根土的根系破坏情况

（a）为原状含根土，（b）为重塑含根土

每次整株植物的直剪试验后，同样统计根系的断裂和未断裂的破坏方式，并记录根系的直径（图5.6）。植物根系直径小于2 mm的根系的断裂比例（37.02%）高于直径大于2 mm的根系的断裂比例（5.59%）。各个直径内都有未断裂的根系，而直径大于5 mm的根系则没有出现断裂的情况。

土壤含水量对大于5 mm直径根系的破坏方式并没有影响，因为全部未发生断裂，但是对直径小于5 mm根系的破坏方式影响很大。土壤含水量在22%时，有62.36%的直径小于2 mm的根系发生断裂。当土壤含水量高于或低于22%时，植物根系断裂的比率都显著减小，而当土壤含水量近饱和时，根系断裂的比例达到最低，此时，只有4.57%的直径小于2 mm的根系发生断裂。在不同的含水量下，植物根系的抗拉强度与根系直径之间都符合逆幂函数。本研究中的根系抗拉强度在不同的土壤含水量下并无显著的差别，而此时根系的含水量最低为63%，最高为68%。

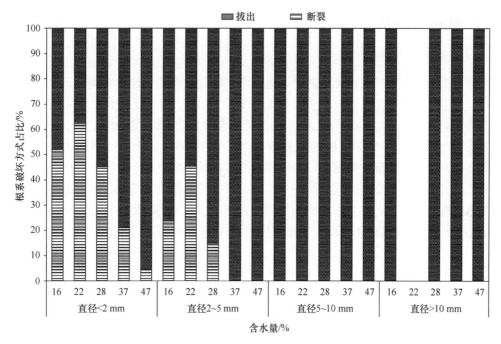

图 5.6　不同含水量下整株植物不同直径根系的破坏情况

很早就有研究者主要研究植物根系不同的破坏方式，如 Waldron（1977）和解明曙（1990）。通常情况下，滑出的根系并未完全发挥其抗拉特性，所以并未完全发挥其所具有的固土能力。通过直剪试验，Wu 和 Watson（1998）、Fan 和 Su（2008）的研究发现平均只有 20%~30%的根系发生断裂，而 Bourrier 等（2013）和 Mao 等（2014）也提出根系在并未达到被拉断时，土壤已经发生了破坏，但很少有研究针对土壤中根系的不同破坏方式及其影响因素进行研究。基于单根的抗拉试验和拔出试验，Pollen（2007）可能首次强调了不同根系直径和土壤含水量对根系破坏方式的影响，进而推断出根系的破坏方式对根土的机械力学机理和固土效益的影响。作为 Pollen（2007）研究的进一步拓展，本研究显示土壤的含水量确实会改变植物根系的破坏方式，创新之处在于，这个现象是通过实际的直剪试验发现和证实的（直接证据），而不是单根尺度上的试验（间接证据）。对于根系的破坏方式，直剪试验可以直观地看到根系的断裂情况。首先，根系的直径对根系断裂方式的影响强于土壤含水量对根系破坏方式的影响。本研究发现，根系直径较小的根更趋向于发生断裂，而粗的根系更趋向于滑出。但 Pollen（2007）的研究中则提出较粗的根更容易发生断裂，因为其具有更小的抗拉强度。完全相反的结论可能是由物种的差异所导致的，同时本研究的直剪试验的直接证据比间接证据更为可靠。

多数对植物根系固土效果的现有研究都利用根系的抗拉强度来计算根系的固土效果，但是本研究发现，大于 5 mm 直径的根系几乎无法发挥完整的抗拉强度，所以有理由相信将不同的根系破坏方式考虑到根系固土效果的评估中很有必要。

3. 根系固土作用

1）含根土抗剪强度特征

对于原状和重塑的无根土，黏聚力随含水量的变化而变化的趋势类似，含水量与黏聚力呈负相关关系（图5.7）。对于原状土 [图5.7（a）]，含根土与含水量间的关系符合一次函数关系式 $y=49.2-0.91x$（$R^2=0.75$，其中含水量的单位是%），无根土与含水量间的关系符合关系式 $y=30.24-0.55x$（$R^2=0.71$），而当含水量高于33%后，含根土黏聚力趋于稳定。针对这一反常的现象，本研究经过多次采样后发现，含根土在高含水量的情况下，抗剪强度存在小幅度回升的趋势。对于重塑的含根土，随着含水量的增加，黏聚力变化曲线分为三段，在含水量小于18%时，随着含水量的增加，黏聚力小幅度上升到20 kPa；随着含水量的继续增加，黏聚力随含水量增加而减小 [图5.7（b）]。

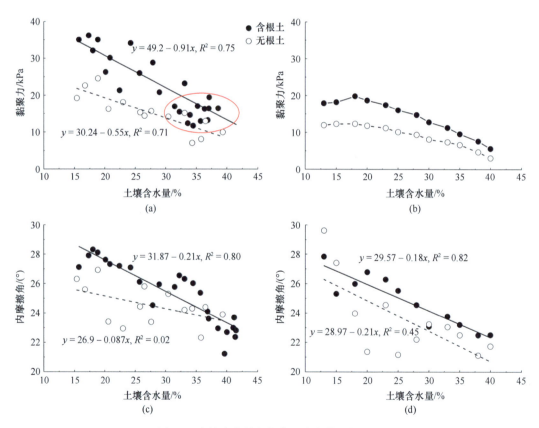

图5.7 土壤含水量与抗剪强度参数间的关系

（a）、（b）分别为原状土和重塑土的黏聚力与土壤含水量的关系；（c）、（d）分别为原状土和重塑土的内摩擦角与土壤含水量的关系。（a）中的红圈部分表示在土壤高含水量情况下，抗剪强度存在小幅度回升的趋势

对比含根土和无根土的黏聚力变化曲线发现，无论是原状还是重塑的含根土的黏聚力均大于同样状态下的无根土的黏聚力，其中原状含根土的黏聚力比原状无根土的最大高出15 kPa，而重塑的样本则最大高出约7.5 kPa。随着土壤含水量的增加，含根土的黏

聚力下降速率高于无根土，在含水量接近 40%时，原状含根土的黏聚力比无根土仅高出约 5 kPa，重塑的样本则约为 2 kPa。植物根系对土壤的加固效益主要体现在增加土壤的黏聚力，在原状的样本中，根系提升土壤抗剪强度约 75%，随着土壤含水量的增高，该值最终降为约 50%；在重塑的样本中，根系提升土壤抗剪强度最高约 60%，随着土壤含水量的增高，最终降为约 40%。

如图 5.7（c）、图 5.7（d）所示，随着土壤含水量的增加，原状含根土的内摩擦角的变化趋势和重塑含根土的变化趋势类似，并与土壤含水量呈线性负相关关系，分别符合关系式：$y=31.87-0.21x$（$R^2=0.80$）和 $y=29.57-0.18x$（$R^2=0.82$）。与含根土不同，原状和重塑的无根土样本的内摩擦角随土壤含水量的升高存在小幅度降低的趋势，其线性关系并不显著（$R^2=0.02$，$R^2=0.45$）。含水量对含根土的抗剪强度的影响不仅降低了土壤的黏聚力，同时降低了含根土的内摩擦角，降低幅度约为 15%。当土壤含水量升高时，无论是含根土还是无根土，样本的黏聚力的减小幅度均高于内摩擦角。土壤中的植物根系不能仅仅当成一种附加黏聚力的增量，含根土具有和无根土不同的力学性质。

在本研究的原状样本中，植物根系附加黏聚力值约 16 kPa，相对原状无根土提高约 75%；而重塑含根土相对重塑无根土样本的根系附加黏聚力值则提高约 60%，原状含根土样本无论是其本身的黏聚力还是根系附加黏聚力值都高于重塑的样本。通过对植物根系破坏方式的观测以及单根的拔出实验可以得知，原状含根土内样本的植物根系与土壤的键合比重塑样本更加紧密，这使得在土壤发生剪切破坏后，原状含根土样品中更多的根系发生断裂破坏。直径较小的根系具有较大的拔出强度，导致断裂比率更高，而较粗根系则因拔出强度过低，在未使其拉断之前根系表面与土壤发生分离，随后被拔出土壤。类似的结果也出现在 Wu 和 Waston（1998）的研究中，仅有 33%的根系在直剪破坏后被拉断。Fan 和 Su（2008）的研究显示，在直剪试验中，平均 20%～30%的根系在含根土发生直剪破坏后被拉断。在本研究中，重塑的含根土样本中的根系是土壤人工压实后重新插入的，此时根系与土壤之间的摩擦力小于原状样本中的摩擦力。在分别对原状和重塑含根土进行直剪试验后，重塑样本中根发生断裂破坏的比率低于原状样本中的比率。重塑样本内完全发挥固土作用的根的数量少于原状土样本，导致重塑含根土中的根系固土效益更差。

2）含根土应力–应变特征

含根土在不同含水量下的抗剪强度的变化特性可以通过应力–应变曲线的变化观察到（图 5.8）。对于无根土，应力–应变曲线的屈服点可以轻易地从图中读取到，即曲线的第一个极值点。随着土壤含水量的增加，屈服点的值降低，而屈服点所对应的应变增加，参与的应力则变化平缓。当土壤含水量为 22%时，屈服点的应力达到最大值，这个现象不仅出现在无根土的试验中，也出现在含根土的试验中。从图 5.8 中可以看出，土壤含水量对应力–应变曲线中的屈服点应力和曲线形状的影响大于根系的密度。

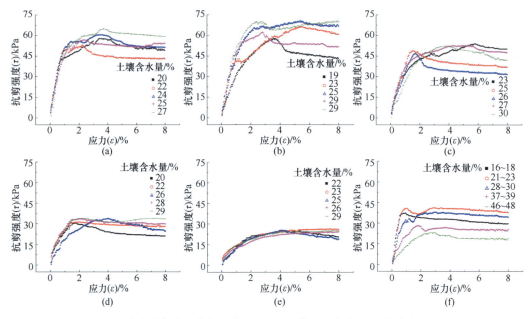

图 5.8　不同含水量条件下含根土 [（a）～（e）] 和无根土（f）的应力–应变曲线

5.3.2　根系固土动态过程

1. 含根土抗剪强度的动态过程

为明确土壤含水量与土壤抗剪强度参数之间的关系，本研究采用主成分分析对各类参数进行了分析（图 5.9）。对于主成分分析总的根系黏聚力增强值、土壤内摩擦角、根面积

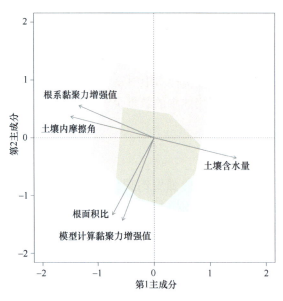

图 5.9　根系黏聚力增强值、土壤内摩擦角、根面积比、模型计算黏聚力增强值和土壤含水量之间的相互关系

褐色的为原状土的点的分布区域，绿色区域为重塑土的点的分布区域

比、模型计算黏聚力增强值与土壤含水量存在 85.68%的相关性。第 1 主成分解释了靠近 x 轴的根系黏聚力增强值、土壤内摩擦角和土壤含水量之间 52.88%的相关性；第 2 主成分解释了靠近 y 轴的根面积比和模型计算黏聚力增强值之间 32.8%的相关性。图 5.9 中显示，根系黏聚力增强值与土壤内摩擦角的方向趋近，且与土壤含水量之间呈接近 180°的关系，说明根系黏聚力增强值和土壤内摩擦角与土壤含水量呈显著的负相关关系。根系黏聚力增强值、土壤内摩擦角和土壤含水量则分别与根面积比和模型计算黏聚力增强值呈约 90°，表明前三个变量与根面积比和模型计算黏聚力增强值之间的相关性很弱。模型对根系增强抗剪强度值的计算结果与实测结果的相差较大。

重塑土的直剪试验可以通过土壤筛，精确控制每份土壤样品的粒径组成，所以在以往的研究中，大部分学者通过干密度和添水或者制成土样控制浸泡时间等方式控制含水量，最后将根系埋入土壤样品中来控制含根土的准确根系布局和 RAR 的方式来进行研究。然而，土壤重塑的过程中，不仅破坏了原有的土壤结构，也破坏了根与土壤相互的键合方式，改变了根土间的相互力学作用关系，导致其并不能准确地展示含根土的真实抗剪切强度状况。原状土的直剪试验则可以通过控制试验状态，来获取不同条件下含根土的抗剪强度参数，同时根系和土壤间的键合作用也得到了保留，使结果更可靠。缪林昌等（1999）、林鸿州等（2007）对土壤含水量与土壤抗剪切强度之间的相互影响的研究证实，土壤的黏聚力随含水率的变化规律因控制土壤含水量方法的不同而不同。随着含水量的增高，原状土样本的黏聚力值随之降低，而重塑土的黏聚力值则呈先增加后减小的趋势。在本次实验中，重塑土样本的黏聚力也呈先增加后减小的趋势，在土壤含水量为 18%时达到最大值。重塑土样本是使用烘干后的土壤压实制成，当含水量较低时，土壤颗粒间并无黏聚力。随着含水量的提高，土壤密度增加，同时土壤颗粒因为水的吸附作用产生了一定的黏聚力。而随着土壤含水量的继续增加，土壤颗粒间结膜水层加厚，孔隙水压力造成的有效应力降低，从而土壤抗剪强度降低。原状的样本则因为保留了土壤间的原始结构，土壤含水量升高，土壤基质吸力降低，土壤抗剪强度降低。

许多国内学者针对非饱和土在不同含水量下的强度进行了研究，发现因控制含水量的方法不同，土壤的抗剪强度随含水量变化的规律也不同。在通过控制浸泡时间的长短来控制土壤含水量的重塑土试验与原状土的直剪试验中发现，随着含水量的增加，抗剪强度降低，而根据土壤干密度和添加的水量来控制的方式控制含水量则存在临界含水量，小于临界含水量时，抗剪强度随含水量增加而增加，大于临界含水量时，抗剪强度随含水量增加而降低。在梁斌和莫凯（2010）对重塑红黏土的研究中，该临界值是 23.65%（质量含水量），而在林鸿州等（2007）对北京粉质黏土的研究中，该临界值含水量在 14%～19%（质量含水量），即土壤的饱和度在 40%～60%。在既有的研究中，土壤的抗剪切强度和土壤含水量的关系尚存在争议，而含根土的抗剪强度和土壤含水量之间关系的研究更是较少。

现有的研究多集中于研究不同含水量下根系与土壤之间的相互力学作用关系。Osman 和 Barakbah（2006）提出土壤边坡的含水量和根系的密度对边坡的稳定性具有重要的影响，当土壤的含水量发生变化时，植物根系与土壤间的键合力将受到较大的影响，同时土壤的剪切区域将会扩大。Pollen（2007）发现在含水量较高的土壤中，植物根系与土壤间的键合力将减小。郑力文等（2014）的研究发现，随着含水量的增高，根土之间的最大摩擦力先增大后减小，这对土壤中的根系破坏类型有着重要的影响。

土壤与植物根系之间的摩擦力是根系是否能够发挥固土效果的关键。在该摩擦力较小的情况下，土壤在遭受剪切破坏的过程中，植物根系将被拔出；而在该摩擦力较大的情况下，根系将有可能发挥其抗拉力较大的特点，发挥抵抗剪切破坏的作用，较大地增加含根土的抗剪切强度。在过去的根系固土模型研究中，也有学者发现 W 模型高估了根系固土的状况，为此 Bischetti 等（2009）提出了因为根系不同的破坏方式，需要引入一个矫正参数 k' 对公式进行修正。这里 k' 值通过使用实际值与模型计算值相除可得。在过往的研究中，k' 值被测定约为 0.5。而在本研究中发现，这个矫正系数并不适用于不同土壤含水量的情况，模型的计算结果并不能很好地反映含水量变化对根系增强黏聚力效果的影响（表 5.4）。根系的固土效益量化研究是服务于边坡稳定的计算，而当降雨导致的滑坡真正可能要发生时，植物根系所能发挥的作用可能比过往研究所估算的还要低（最小值所需的矫正系数约为 0.2）。

表 5.4　含根土抗剪强度实测值和模型计算值

黏聚力增强值	土壤含水量/%					
	15	20	25	30	35	40
原状含根土/kPa	15.42	10.75	10.64	8.21	4.60	6.81
重塑含根土/kPa	5.98	6.91	5.92	4.71	2.96	2.46
模型计算值/kPa	28.42	26.31	24.18	25.74	24.46	25.11
k'	0.54	0.41	0.44	0.32	0.19	0.27

注：k' 值由原状土样本的实测值计算。

不同直径的根系的拔出强度也并不相同，在本次选用的三个径级的植物单根中（径级内样本直径相差不超过 ±0.2 mm），直径小于 1 mm 的植物单根拔出强度大于其他两个径级。在该区间内，植物单根拔出强度与直径呈负相关关系。Schwarz 等（2010b）的研究中也证实了拔出强度与直径呈负相关关系。植物根系的拔出强度不仅与植物根系直径有关，同时植物根系的长度、种类、土壤含水量、倾斜角度、是否有节点等因素也影响着根系的抗拉强度。石明强（2007）和宋维峰等（2006）在对不同分布类型的含根土进行剪切试验的研究中也证实复杂分布结构的根系对土壤具有更好的加固效果。不同根系的分布状况对根系固土效果的定量影响有待更深入地研究。

2. 含根土应力–应变动态过程

土壤含水量和根系密度都会对根系的固土效果产生重要影响。随着含水量的增加，根系抗剪强度增量先增加并且在土壤含水量为 22% 时达到最大值，然后随着含水量的增加而降低。最大的抗剪强度增量出现在含水量为 22%，RAR 为 0.30% 的样品中（图 5.10）。所有样品的 RAR 在 0.19%～0.30%，RAR 与根系的固土效果呈强烈的线性的正相关关系。但随着含水量的增加，RAR 的增加对根系抗剪强度增量的影响越来越弱，其拟合曲线的斜率从 88.26 降低至 11.55。

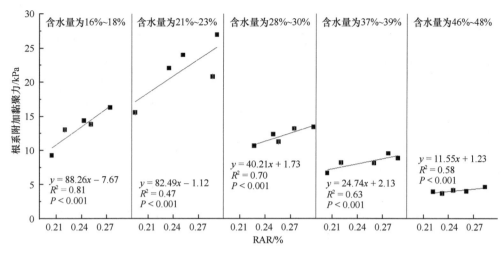

图 5.10　根系固土效果与 RAR 的关系及其随土壤含水量的变化特征

　　土壤（无根土）本身的抗剪强度会因为土壤水分的变化而发生变化已经被很多的研究者证实，如 Lin 等（2007）、梁斌和莫凯（2010）、黄琨等（2012）。近些年，含根土的抗剪强度受含水量的影响也被广泛地研究，然而土壤颗粒间和根土间在含水量变化时的作用机制还并未完全地研究。本研究设置了连续的含水量梯度，并发现土壤抗剪强度随着含水量的增加呈单峰曲线的变化趋势，并在含水量约为 22%时达到最大值。不同样品的处理方式和土壤的粒径分布情况可能会对最优含水量的值产生影响。过往的很多研究也证实了，过高的含水量对土壤的抗剪强度和边坡的稳定性有负面的影响。在土壤含水量较低时，轻微的含水量的增加有利于土壤颗粒间的吸附力，进而提高土壤的抗剪强度。可以推测这个现象同样地发生于含根土样本中，除了土壤颗粒的键合还包括根系与土壤的键合强度。

　　植物根系可以有效加固土壤，提高边坡稳定性，更高密度的根系往往可以提高对土壤的加固效果。本研究再次证实了根系密度和固土效果的正相关关系，同时在各个含水量下都符合这一规律。然而本研究还发现，随着土壤含水量的升高，根密度对土壤加固效果的影响会减弱，这也证明在高含水量的土壤中，提高根系的密度并不能有效地提高其固土固坡效果。据我们所知，这个现象并未在前人的研究中提到过。导致该现象的原因可能存在两个：第一，土壤含水量的增加将会导致土壤失去部分空气水压力，降低土壤的有效黏聚力，进而削弱土壤的抗剪强度；第二，随着含水量的增加，土壤和根系间可能会出现水膜，导致土壤与根系的相互作用减弱，进而根系增强土壤抗剪强度的值也减弱。从根系的破坏方式研究也可以看出，在高含水量情况下，根系的断裂比例大幅度减小，证明土壤与根系的键合力减弱，部分证实了第二个原因。

5.3.3　小　　结

　　植物根系的抗拉强度与拔出强度都和植物根系直径呈负相关关系，随着土壤含水量由干燥到近饱和的状态，植物根系含水量的变化量（Δ）为 5.6%，此时植物根系的抗拉强度并无显著的变化；而根系的拔出强度，特别是细根（直径< 2 mm）的拔出强度呈先

增加后减小的趋势。土壤发生破坏后只有在直径小于 5 mm 的部分根系发生断裂破坏，且随着含水量的增高，根系断裂的比例也呈先增加后减小的趋势。原状含根土的抗剪强度指标值黏聚力和内摩擦角都随土壤含水量的升高而线性降低；重塑含根土的黏聚力则随含水量的增加，呈先增加后减小的趋势。内摩擦角则与土壤含水量呈线性负相关关系。无根土的黏聚力随含水量变化的趋势与含根土的趋势类似，无根土的内摩擦角则与土壤含水量的变化相关性不大。植物整根的固土效果随含水量的变化的趋势与重塑含根土测试结果类似，即呈先增加后降低的趋势。断裂根系的数量减少意味着根系所发挥的固土效果能力降低，是高含水量根系固土效益降低的重要原因之一。在与固土模型的结果进行对比时发现，将植物根系的断裂方式考虑到固土效果的定量计算中，可以有效提高植物根系固土效果评估的精确度，证明土壤含水量等动态参数的变化所导致的根系破坏方式的变化是影响根系固土效果的不可忽视的因素。

5.4　植物生长过程对根系固土的作用

5.4.1　根系固土机理

1. 根系生物量特征

图 5.11 显示了 0～20cm、20～40cm 土层的根长密度随着植物生长过程的变化。其中，在 0～20cm 的土层中，根长密度最高的是大叶黄杨，在最后一年达到 0.159m/m³；随后是狗牙根，在最后一年达到 0.152m/m³；最后是四川山矾，最后一年达到 0.092m/m³。

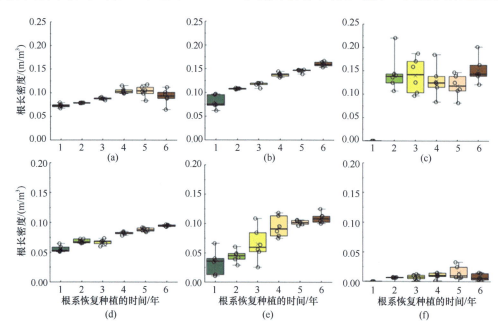

图 5.11　四川山矾 [（a）、（d）]、大叶黄杨 [（b）、（e）] 和狗牙根 [（c）、（f）] 的根系根长密度随时间的变化

（a）～（c）为 0～20cm 土层，（d）～（f）为 20～40cm 土层

在植物移栽种植后，狗牙根根长密度增长的速度最快，在第二年即达到了约 0.13m/m³，然而第三年过后根长密度则保持稳定。与狗牙根不同，四川山矾的根长密度则在生长的前四年保持稳定的增长，随后保持稳定；大叶黄杨则在研究的整个生长周期内，根长密度都保持着稳定增长。

对于 20～40cm 土层，大叶黄杨和四川山矾的根长密度非常接近，分别为 0.075m/m³ 和 0.076m/m³，而这个值远高于狗牙根的根长密度（0.008m/m³）。在 20～40cm 的土层中，大叶黄杨和四川山矾的根长密度在整个研究时间内都保持着稳定的增长。

植物 RAR 是影响植物固土效果的重要指标，在根系强度和其他土壤情况一定的条件下，理论上单位面积上的植物根系越多，植物固土的效果越好。随着植物的生长，植物根系的数量将增加，RAR 也会增加（表 5.5 和表 5.6）。为减小挖取根系对植物生长的影响，选择移植时的根系数量与生长 1 年后的植物根系数量进行对比，研究 1 年的生长周期内四川山矾植物根系的增加情况。

植物根系的数量与所占百分比变化如表 5.5 所示，直径在 0～2mm 的根系占四川山矾根系数量的 60%以上，而 0～4mm 的根系更是占到 75%以上。随着植物的生长，1 年后的四川山矾根系中细根的占比有所提高，植物 RAR 也有小量的增加。经过 1 年的生长，大于 2 mm 的根系增加较少。

表 5.5　植物根系的数量与所占百分比变化

	种植前			1 年	
径级/mm	数量/个	百分比/%	径级/mm	数量/个	百分比/%
$0<D\leqslant2$	63	61.76	$0<D\leqslant2$	86	66.15
$2<D\leqslant4$	16	15.69	$2<D\leqslant4$	19	14.62
$4<D\leqslant6$	10	9.80	$4<D\leqslant6$	11	8.46
$6<D\leqslant8$	6	5.88	$6<D\leqslant8$	7	5.38
$8<D\leqslant10$	4	3.92	$8<D\leqslant10$	3	2.31
$D>10$	3	2.94	$D>10$	4	3.08

注：D 表示植物根系直径。表中个别数据因数值修约，略有误差。

表 5.6　植物 RAR 变化

组别	种植前	1 年
①	0.264	0.275
②	0.272	0.281
③	0.288	0.299
④	0.313	0.336

注：统计的根系都为穿过盒内直剪面的根系，直径小于 0.1mm 的植物根系不计入统计，RAR 为每组内的平均值。

在初始状态下，四组四川山矾幼树在直剪盒内的平均 RAR 为 0.264%～0.313%；1 年后，RAR 增加到 0.275%～0.336%。

2. 根系生物力学特性

本研究中的所有时间和物种的根系平均的抗拉强度为 16.7 MPa（图 5.12）。对于不同的研究物种，四川山矾的根系有着最大的抗拉强度，其平均值达到了 17.9 MPa；其次是狗牙根，其值为 16.2 MPa；最后是大叶黄杨，其值为 16.1 MPa。植物根系的抗拉强度在所研究的三个物种间并无显著的差异（$P > 0.1$）。随着植物的生长，植物根系的抗拉强度随生长的时间而显著减小（$P < 0.001$），减小幅度最大的为四川山矾，年均减小量为 4.5%；其次是狗牙根，年均减小量为 2.3%；最后是大叶黄杨，年均减小量为 4.0%。

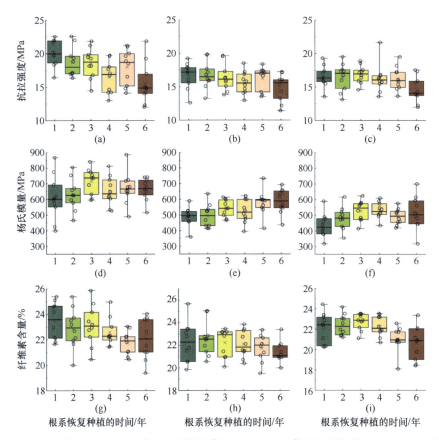

图 5.12　四川山矾 [（a）、（d）、（g）]、大叶黄杨 [（b）、（e）、（h）] 和狗牙根 [（c）、（f）、（i）] 的根系抗拉强度、杨氏模量和纤维素含量随时间的变化

　　本研究中所有根系的平均杨氏模量为 563 MPa，其中，四川山矾的根系有着最大的杨氏模量，其平均值达到了 657 MPa；其次是大叶黄杨，其平均值为 535 MPa；最小的为狗牙根，其平均值为 497 MPa。不同物种的根系的杨氏模量存在非常微弱的差异（$P>0.01$）。随着植物的生长，根的杨氏模量随着植物恢复时间的增长而增大。四川山矾根系的杨氏模量的年均增长量为 1.7%；其次是狗牙根，年均增长量为 3.8%；最大的增长出现在大叶黄杨的根系，其年均增长量为 4.0%（$P>0.01$）。

　　本研究中所有根系的纤维素含量为 22.2%，和抗拉强度及杨氏模量一样，四川山矾有着最高的纤维素含量，达到了 22.6%；其次是大叶黄杨，为 22.1%；最后是狗牙根，为 21.8%。植物根系的纤维素含量在物种间并不存在显著的差异（$P > 0.01$）。植物的纤维素含量随着植物的生长而减小，其减小幅度很小，但在统计上显著（$P < 0.001$），其

中减小最显著的为狗牙根, 其年均减小量为 1.3%; 其次是四川山矾, 年均减小量为 1.2%; 减小幅度最小的为大叶黄杨, 年均减小量为 0.8%。

植物根系力学和化学组成参数对评估植物根系的固土效果具有重要的意义。本研究中三个物种根系的平均抗拉强度并不存在显著差异, 平均抗拉强度均值在 16.1～17.9 MPa, 平均的抗拉强度小于大部分 Stokes 等 (2009) 中报道的 67 个植物种。过往的研究往往从多个角度研究了影响根系力学特性的参数, 包括但不仅限于根的直径、生理特性和根龄等。对植物根系力学和化学组成特性进行主成分分析, 结果显示两个主成分共解释了植物根系力学和化学组成特性 (根系抗拉强度和杨氏模量) 间 70.72% 的差异。其中, 第 1 主成分解释了所有数据点间 40.76% 的差异性, 其中与之相关性最强的是根系的纤维素含量和抗拉强度。第 2 主成分解释了所有数据点间 29.96% 的相关性, 其中相关性最强的参数为根系的抗拉强度和纤维素含量, 但杨氏模量和植物恢复时间的相关性不显著 (图 5.13)。根系纤维素含量和根系抗拉强度与植物恢复时间呈负相关关系, 但根系的杨氏模量与抗拉强度或者纤维素含量间并无显著的关系。不同物种间的根系力学和化学组成参数相对独立。

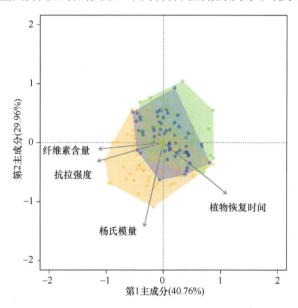

图 5.13　根系抗拉强度、杨氏模量、纤维素含量和植物恢复时间的主成分分析

黄色部分为四川山矾根系数据的点集, 蓝色的为大叶黄杨根系数据的点集, 绿色的为狗牙根根系数据的点集

结果显示, 根系的抗拉强度与杨氏模量间并不存在显著的相关性, 该结论与之前大部分针对根系抗拉强度和杨氏模量之间关系的研究都存在一些差别, 大部分的研究结果显示, 根系的抗拉强度与杨氏模量间存在显著的正相关关系 (图 5.14)。过去的研究通常针对不同物种, 或者不同的根系直径进行研究, 进而发现抗拉强度与杨氏模量间的正相关关系, 但是本研究主要针对植物根系的不同生长阶段进行的研究。在植物的生长过程中, 杨氏模量随着植物的生长而增加, 而此时根系抗拉强度则随之降低。不同的变化趋势弱化了植物根系抗拉强度与杨氏模量间的相关性。

过去的研究已经发现通过对根系化学结构特性的研究, 可以解释根系力学特性的变化趋势及其内部机理, 其中研究的特性包括但不仅限于细胞长度根和细胞壁结构等与根系的纤维素含量息息相关的参数。本研究确认了根系抗拉强度和纤维素含量的正相关性，但同时其都与杨氏模量不存在显著关系。在植物移栽生长后，根系抗拉强度和纤维素含量都存在微小的降低（抗拉强度的年均降低量约为 3%，纤维素含量的年均降低量约为 1%），但过去的研究大多宣称幼年的根将比成熟根系抗拉强度更低。这与本研究的结果是相反的，而且本研究中纤维素含量的降低，更是验证了抗拉强度降低的可能性，而根系抗拉强度与纤维素含量的正相关关系是被广泛验证过的。但同时在本研究中，根系的寿命无法通过采集的时间来判断，即有可能后期采集的 2mm 根系为新生的根系，所以针对根系寿命与力学特性间的关系还需要更多的研究。同时，本研究忽略植物根系的生长过程，仅研究某一年并对比不同物种间的根系力学参数和化学组成参数间的关系，发现根系的抗拉强度和杨氏模量呈正相关，而根系纤维素含量与杨氏模量呈正相关，与抗拉强度的关系则不显著（图 5.14）。

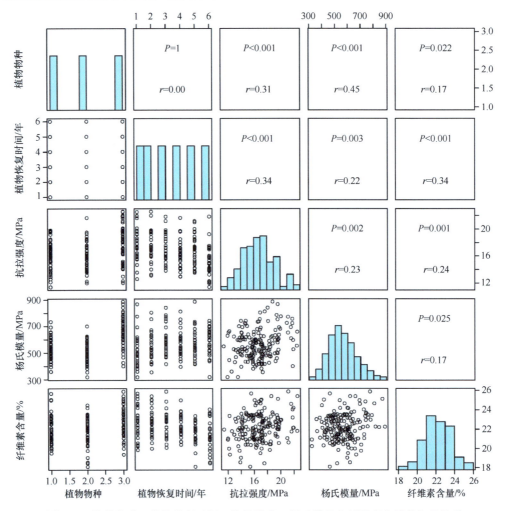

图 5.14　植物物种、植物恢复时间、抗拉强度、杨氏模量和纤维素含量的相关关系

P 为显著性，r 为拟合系数，余同

　　在植物的移栽生长过程中，植物根系的力学特性与化学组成特性的变化和不同的物

种、不同地区的气候、土壤、养分等都有很大的关系,对于根系力学和化学特性在不同地区的变化特征还需要更多的研究。

　　植物单根抗拉强度与拔出强度均与根直径呈非线性的负相关关系,数据显示其最符合公式:$y=ax^{-b}$(图 5.15,$R^2 > 0.8$),该结果与其他单根拔出强度的研究结果相符。因此,直径越细的根系具有更大的抗拉强度,这一现象被前人的研究证实。植物根系的抗拉力与根直径呈线性的正相关关系,但单根强度反映单位面积上的抵抗破坏的能力。在植物生长过程中,单根抗拉强度并无明显变化。植物根系的抗拉强度与根系本身的材料属性相关。对比植物单根抗拉强度和拔出强度的交点位置可知,植物根系的拔出强度在生长到 4 个月时具有显著的提升,特别是直径小于 3 mm 的部分细根;而在生长 4 个月到 1 年的时间内,植物拔出强度的增加速度变缓。在植物移植初期,根系直径大于 1.8 mm 时,根系的拔出强度小于抗拉强度。也就是说,在含根土发生剪切破坏时,直径大于 1.8 mm 的根系最有可能被拔出并与土壤分离,而直径小于 1.8 mm 的根系,则更易被拉断。抗拉强度和拔出强度之间存在阈值。随着植物的生长,单根抗拉强度与拔出强度的变化并不相同。在种植的前 4 个月中,植物根系的拔出强度增加明显,后 8 个月的增加量有明显减小,而植物根系的抗拉强度几乎没有变化。同时,单根拔出强度与植物单根抗拉强度交点处的根系直径增加,更多直径较大的植物根系在土壤破坏过程中被拉断。

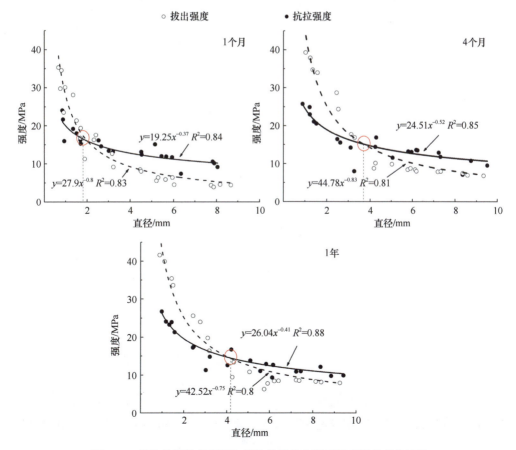

图 5.15　植物单根抗拉强度与植物单根拔出强度随直径的变化情况

结合前文的结果，植物根系的 RAR 的平均增加量为 4.7%；而单根抗拉强度和直径的关系分别符合公式：$y=19.25x^{-0.37}$、$y=24.51x^{-0.52}$ 和 $y=26.04x^{-0.41}$。

3. 根系固土作用

1）含根土抗剪强度特征

含根土和无根土的抗剪强度分别使用原状土和重塑土进行测定（表 5.7）。其中，在 0～20 cm 的土层中，原状土无根土的平均抗剪强度参数之一黏聚力值为 14.0 kPa，无根土的黏聚力均值比含根土的黏聚力均值低了 46.4%（表 5.7 和图 5.16）。平均根系的附加

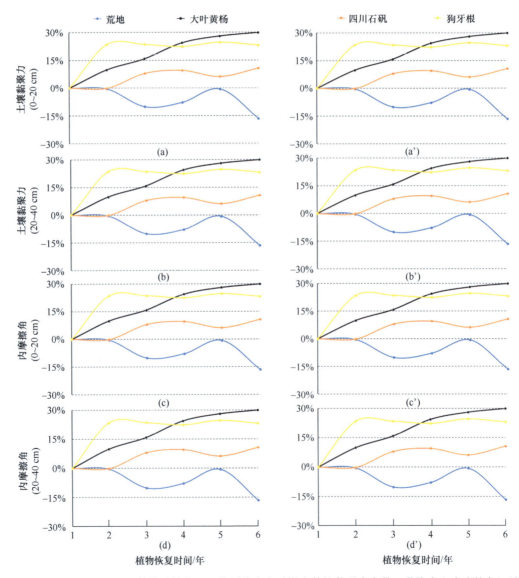

图 5.16 不同土层、不同植物种植状况下的原状土和重塑土的抗剪强度参数（黏聚力和内摩擦角）随时间的变化

（a）、（b）、（c）、（d）表示原状土；（a'）、（b'）、（c'）、（d'）表示重塑土

表 5.7 含根土和无根土的抗剪强度参数（黏聚力和内摩擦角）

样品种类	种植时间/年	含根土黏聚力/kPa			无根土黏聚力/kPa	含根土内摩擦角/(°)			无根土内摩擦角/(°)
		四川山矾	大叶黄杨	狗牙根		四川山矾	大叶黄杨	狗牙根	
原状土(0~20 cm)	1	13.4±3.74	15.5±1.09	13.6±0.75	11.1±0.54	24.8±1.62	24.6±1.49	25.4±1.17	24.4±1.51
	2	19.1±2.35	17.1±1.36	21.4±2.52	14.7±1.05	24.7±0.92	26.0±1.09	25.6±1.63	24.2±1.23
	3	19.0±2.71	20.5±1.21	20.4±2.30	14.6±0.62	24.9±0.99	24.1±1.50	25.8±1.25	23.2±0.89
	4	26.2±2.16	23.6±0.18	19.5±3.36	15.4±1.34	26.1±1.16	25.0±0.98	25.0±1.42	24.6±1.14
	5	22.4±3.98	22.4±1.14	22.2±2.55	14.1±0.91	26.0±1.28	25.2±0.83	25.1±1.39	24.1±1.01
	6	24.0±2.36	24.1±2.30	22.5±1.95	14.2±1.68	27.0±0.79	26.4±1.45	25.8±1.41	24.7±1.26
原状土(20~40 cm)	1	11.6±0.71	11.6±0.36	9.81±0.83	9.80±0.91	27.2±1.42	26.2±2.91	27.7±3.02	25.7±1.13
	2	15.4±1.74	14.6±0.60	13.4±1.00	13.8±0.75	27.8±2.07	26.0±1.46	24.5±1.08	26.0±2.25
	3	16.5±0.95	16.4±1.29	13.9±0.91	12.0±0.92	26.0±2.84	26.9±1.77	26.5±1.91	26.5±1.20
	4	17.6±1.09	17.7±1.57	14.0±1.63	13.7±0.59	26.5±2.38	27.4±2.07	28.1±2.40	25.8±1.80
	5	18.9±0.76	17.7±0.65	13.7±0.83	12.4±0.31	27.7±2.23	26.4±3.60	27.3±1.97	25.6±1.20
	6	17.4±0.46	16.7±1.26	13.2±1.21	11.8±0.70	27.8±2.29	26.7±2.06	28.2±1.50	25.6±1.50
重塑土(0~20 cm)	1	15.0±1.02	13.2±0.61	10.6±0.73	10.5±1.55	23.3±0.38	23.3±1.04	24.2±0.92	24.2±0.73
	2	14.9±1.09	14.7±0.68	14.5±0.50	10.5±1.20	24.7±1.24	24.2±0.62	23.7±1.33	23.4±0.59
	3	16.0±0.90	15.7±0.75	14.5±0.73	9.37±1.02	24.4±0.92	22.8±1.13	23.0±1.09	23.4±0.81
	4	16.2±0.72	17.0±0.87	14.3±0.61	9.63±0.82	23.9±1.16	23.4±1.71	23.3±0.80	23.9±0.77
	5	15.8±0.58	17.5±0.66	14.7±0.58	10.4±1.06	25.1±1.08	24.4±0.76	23.6±0.26	25.2±0.93
	6	16.4±0.55	17.8±0.57	14.4±0.54	8.66±1.65	24.0±0.59	25.0±0.51	23.4±0.99	22.6±0.33
重塑土(20~40 cm)	1	13.9±0.56	11.6±0.79	10.6±0.62	8.82±1.47	27.5±0.75	27.5±0.64	27.9±1.02	27.3±0.78
	2	15.8±1.27	13.2±0.34	10.7±0.76	8.58±1.14	27.1±0.64	27.4±0.85	27.2±0.85	27.4±0.88
	3	15.3±0.97	13.3±0.55	10.7±0.94	9.28±0.76	27.3±0.60	27.4±0.59	27.4±0.33	27.8±0.51
	4	14.1±0.75	13.3±0.74	10.6±0.59	8.78±0.80	27.8±0.91	26.2±0.92	26.9±0.70	27.2±0.40
	5	15.1±0.68	14.6±1.51	10.5±0.95	8.29±0.42	28.6±0.58	27.1±0.83	27.9±1.12	28.3±1.06
	6	15.4±1.10	13.9±0.43	10.9±0.48	8.78±1.08	28.3±0.76	27.4±0.29	27.6±0.38	28.0±0.73

注：土后的数字表示标准差。

黏聚力为 6.5 kPa。无根土的内摩擦角为 24.2°，相对含根土小 5.0%。对于 20~40 cm 土层，原状无根土的黏聚力为 12.2 kPa，相对种植了四川山矾和大叶黄杨的样品约低 34.0%，而相对狗牙根的样品约低 10.4%。该土层的无根土内摩擦角的平均值为 25.9°，相对种植了植物的土壤样品低 4.41%。

在种植植物后，除了第一年，种植了植物样地的原状土的黏聚力随着植物恢复时间时间显著增加（$P < 0.001$）；但裸地的黏聚力几乎无变化（$P > 0.1$）。对于 0~20 cm 土层，相对于植物种植的第一年，四川山矾土壤黏聚力的提升效果最好，提高了 79.2%；其次是大叶黄杨，提高了 56.1%；最后是狗牙根，提高了 53.3%。对于更深的 20~40 cm 土层，四川山矾依旧是土壤黏聚力的提升效果最好，提高了 39.3%；其次是大叶黄杨，提高了 37.4%；最小是狗牙根，提高了 36.6%。20~40 cm 土层物种间的差异小于 0~20 cm 土层。值得一提的是，狗牙根在种植后的第一年即将 0~20 cm 土层土壤的抗剪强度提高了 47.2%。

针对不同土层土壤的抗剪强度参数（黏聚力和内摩擦角）和根长密度进行主成分分析发现，对于原状土，两条主成分共同解释了所有数据间的 61.8% 的差异。其中，第 1 主成分解释了 48.23% 的差异，同时和土壤抗剪强度、根长密度、0~20 cm 土层的内摩擦角和植物恢复时间相关性高。第 2 主成分解释了 13.57% 的差异，同时与 20~40 cm 土层的内摩擦角相关性高。植物根系的恢复时间、根长密度和土壤的黏聚力存在较强的正相关关系（图 5.17）。

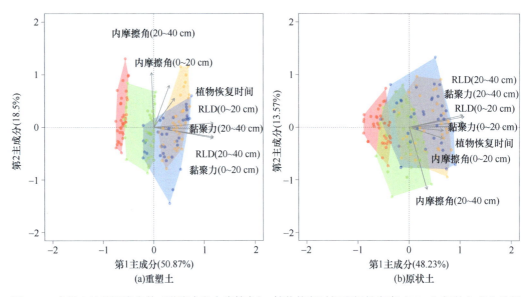

图 5.17　含根土抗剪强度参数（黏聚力和内摩擦角）、植物恢复时间和根长密度（RLD）间的主成分分析
黄色部分为四川山矾根系数据的点集，蓝色的为大叶黄杨根系数据的点集，绿色的为狗牙根根系数据的点集，红色为裸地空白对照组的点集

对于 0~20 cm 土层，重塑无根土的抗剪强度参数黏聚力的平均值为 9.8 kPa，比重塑含根土的平均黏聚力值低 42.9%。直剪试验的结果显示，重塑含根土平均提高土壤的

黏聚力值为 5.3 kPa，根系附加黏聚力值相对于原状土低 22.6%。对于 20～40 cm 的土层，重塑土样本的平均附加黏聚力值为 4.2 kPa，比原状土的黏聚力低 39.7%。同时，种植不同植物种间的根系附加黏聚力的差距显著，其中狗牙根的根系附加黏聚力值为 1.92 kPa，而四川山矾的值为 6.16 kPa。对于内摩擦角，无论是不同物种间还是随着植物恢复时间的变化，均未出现显著的差异性（P > 0.1）。

针对不同土层土壤的抗剪强度参数（黏聚力和内摩擦角）和根长密度进行主成分分析发现，对于重塑土，两条主成分共同解释所有数据间的 69.37% 的差异性（图 5.17～图 5.19）。其中，第 1 主成分解释了 50.87% 的差异并且主要和土壤黏聚力和根长密度相关。第 2 主成分解释了 18.5% 的差异并且主要和内摩擦角以及植物恢复时间相关。

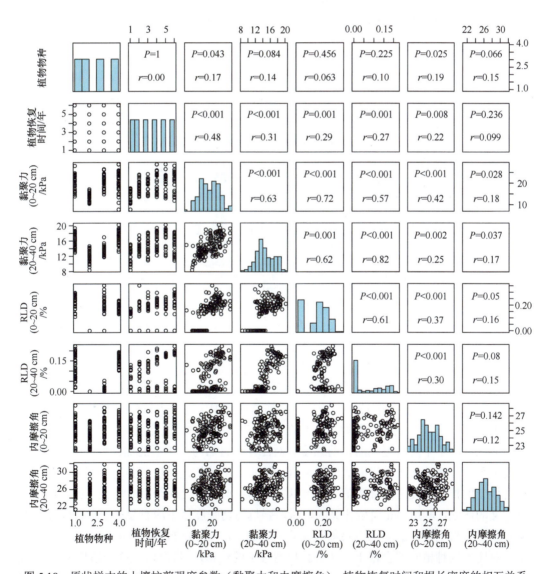

图 5.18　原状样本的土壤抗剪强度参数（黏聚力和内摩擦角）、植物恢复时间和根长密度的相互关系

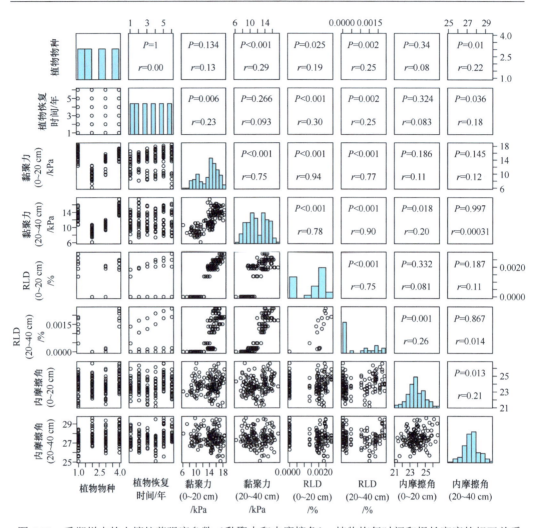

图5.19 重塑样本的土壤抗剪强度参数（黏聚力和内摩擦角）、植物恢复时间和根长密度的相互关系

2）含根土应力–应变特征

因为各株植物的个体生长差异，各直剪盒内的 RAR 不同，并导致其抗剪强度存在差异（图5.20）。经过 1 个月的生长后，直剪盒内含根土的最大抗剪强度增加约 28%，植物根系加固土壤的效果显著增加，且在抗剪切强度达到极值点后（残余抗剪强度），仍旧能保持比 1 个月时更大的抗剪强度。对比 4 个月后与 1 年后的加固效果可以发现，植物根系对土壤的加固效果并无明显增强，特别是土壤的最大抗剪强度无明显变化，而在含根土的抗剪强度达到最大值后，可以持续的抗剪强度比 4 个月时增强了约 10%。根据前文的研究，利用 Wu 模型计算的根系增强抗剪切强度值不应有显著变化，但实际结果是 4 组含根土样本的固土效果都有显著的增加（$F = 120.61$，$P < 0.01$）。

对比不同种植时期含根土所达最大抗剪强度的位移可以发现，生长周期越长，含根土破坏所需的剪切位移越大，表明随着植物的生长，含根土所表现出的材料属性具有塑性材料的特性。而在材料强度测试的应力–应变曲线中，曲线与 X 轴、Y 轴围成的面积为含根土材料韧性（单位为 J/m³）。如图 5.20 所示，随着植物根系的生长，剪切力破坏单位体积的含根土需要做更多的功，消耗更多的能量，也就是说含根土将更加稳定，此时植物根系固土的效果则不能仅仅使用抗剪强度一个指标来衡量。

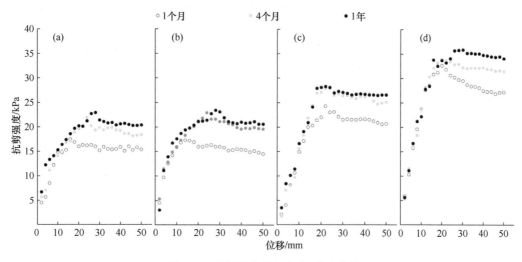

图 5.20　整株植物剪切应力–应变曲线

（a）RAR 为 0.25%~0.265%；（b）RAR 为 0.265%~0.275%；（c）RAR 为 0.285%~0.295%；（d）RAR 为 0.305%~0.315%

5.4.2　根系固土动态过程

1. 含根土抗剪强度的动态过程

植物根系对土壤的加固效果，特别是植物种植后，土壤的抗剪强度会得到有效提高这一点已经被广泛的研究所证实。基于摩尔–库仑定律，植物根系的固土效果往往被作为附加黏聚力。对于原状土，在植物种植后一年，无论是含根土还是无根土的黏聚力都有增加。这部分的黏聚力变化是因为植物种植过程中对土壤的扰动，第二年土壤的自然沉降所导致的黏聚力恢复。重塑土在第二年没有显著的增加，可以从侧面证明前面的推断正确。无论是原状的含根土还是无根土，抗剪强度都高于重塑土的样品（前者约为后者的 1.4 倍）。这一现象主要可以通过两方面来解释：首先，土壤重塑的过程中会导致土壤结构的破坏，进而导致土壤抗剪强度的降低；其次，含根土的重塑过程中，根系是重新人为地放入土壤中，与土壤的键合并未完全。

根系的固土效果与根长密度呈显著的正相关关系，虽然此时土壤的抗拉强度降低，但根系的固土效果仍然随着植物恢复时间的增加而显著增加。无论是重塑土还是原状土的试验都证明了以上的结果，但原状土的黏聚力与植物恢复时间的相关性远强于重塑土的黏聚力与植物恢复时间的相关性。根据原状土试验结果计算的根系附加黏聚力与重塑土的计算结果间并不存在显著的差异（均值分别是 6.5 kPa 和 5.3 kPa）。正如上文所言，根系附加黏聚力的差别主要来源于重塑过程中根系与土壤键合作用的缺失，而键合作用的大小会直接影响土壤的破坏方式。在土壤剪切破坏过程中，植物根系的破坏方式主要有两种：断裂或者不断裂（滑出）。虽然重塑土样会丢失一部分键合力，但是由于直剪尺寸的限制，根系因为过小的应变可能还不足以使其发生断裂，导致最后的结果有可能低估了原状土与重塑土的差异性。

一般情况下，过去的研究通常认为根系对土壤的内摩擦角没有影响，故通常使用低荷载或者无荷载来进行直剪试验。然而在本研究中，含根土的内摩擦角平均比无根土的值高 5%，最高达到 12%（$P < 0.001$）。另外，也发现根系在不同含水量下对土壤的内摩擦角存在不同程度的影响，其中含根土的内摩擦角平均比无根土高出约 20%。而对于不同的土层和处理方式，原状土的 0～20 cm 土层中，内摩擦角的提高最为显著。植物根系的生长对土壤的内摩擦角有着正向的影响，在本研究的时间区间内，种植了植物样本的样地内土壤的内摩擦角一直随植物恢复时间的增加而稳定增加。

本研究中因为直剪装置的尺寸限制，土壤样本中的所有根系样本，以及统计的根长密度仅包含直径小于 2 mm 的根系。同时，植物根长密度在水平方向的分布也没有考虑其中。本研究主要考虑垂直方向的根系分布特点，这样的数据能够反映在垂直方向上三种植物种的固土效益随着植物种植的变化特点。

通常情况下，草本植物被认为是生长快速，可以在种植后短时间内生长出大量根系，进而提高土壤稳定性的物种。本研究中显示，在狗牙根种植后的第二年，0～20 cm 土层土壤的根长密度就达到了 $0.13 \mathrm{m/m}^3$，且含根土的抗剪强度达到了 21 kPa，其中土壤附加黏聚力的值为 7 kPa。此时狗牙根种植下的土壤附加黏聚力的值比大叶黄杨和四川山矾种植下的高约 30%。还需要注意的是，狗牙根第一年由种子种植而来，而大叶黄杨和四川山矾都为幼树的移栽，后者具有初始的根系和根长密度。然而在两年之后，大叶黄杨和四川山矾的固土效果开始超过狗牙根。更进一步的是，对于 20～40 cm 土层，狗牙根几乎没有根系可以进入这么深的土层，而大叶黄杨和四川山矾都有大量根系分布在该土层，且实现了不错的固土效果。

因为采样过程复杂，耗时较多，成功率较低，植物根系固土效果的测定较少采用原状土，更多地采用重塑土进行，特别是对根系固土效果的评估研究方面。本研究分别采用原状土和重塑土的试验，对根与土壤之间的相互关系有更深层次的理解，同时通过根系特性的研究，理解每个参数对根系固土效果所发挥的作用。更进一步的是，植物根系的水平分布和结构特性等因素并未考虑到本研究中，未来针对植物生长过程的固土效果研究可以从这些方面入手。

2. 含根土应力–应变动态过程

在过去的植物根系固土量化的计算（评估）中，考虑的主要参数为 RAR 和单根抗拉强度，而植物 1 年的生长，其 RAR 和抗拉强度的变化都并不显著。其中，因为 1 年的生长时间较短，根系的数量和直径并未产生显著的增加；而植物根系的抗拉强度与其材料本身强度有关，但在生长过程中，根本身成分并未发生明显变化。所以 Wu 模型计算的根系增强土壤抗剪强度的结果变化不显著，而通过直剪试验的实测抗剪强度增量则有明显提高，且原模型的计算值过于高估了植物根系的固土效果（图 5.21）。在 Fan 和 Su（2008）研究中发现，在直剪试验后，断裂的根系仅占总根系的 20%～30%；在 Docker 和 Hubble（2008）的研究中发现不同径级根系逐渐断裂的规律。本研究为探究不同根系的破坏形式对其固土效果的影响，也对不同生长阶段植物直剪后的根系的破坏状况进行了统计。在生长 1 个月时，只有约 22%的根系在直剪试验后发生断裂，且都为直径小于 2 mm 的根系。随着植物的生长，断裂根系数量所占的比例增加，且较粗的根系（2～5 mm）也出现了根系断裂的情况（图 5.22）。当土壤发生剪切破坏时，因为植物根系的不同，将导致根系破坏方式的不同，植物根系的拔出强度为根系本身与土壤界面的键合力的强度，该强度的大小随着植物的生长增加明显，进而影响生长过程中植物根系的固土效果。

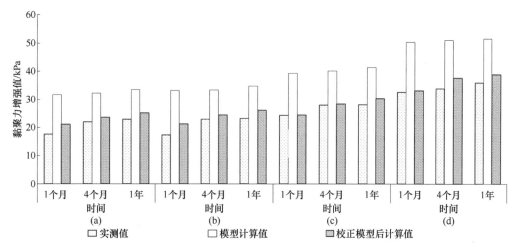

图 5.21　附加黏聚力计算值与实际值对比图

（a）RAR 为 0.25%～0.265%；（b）RAR 为 0.265%～0.275%；（c）RAR 为 0.285%～0.295%；（d）RAR 为 0.305%～0.315%

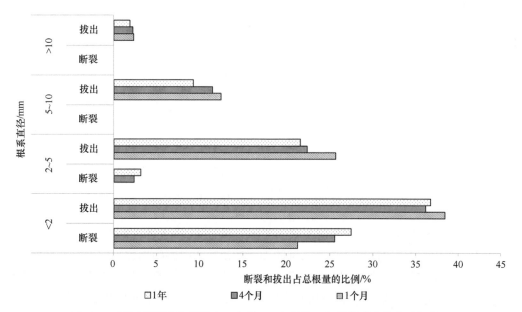

图 5.22　不同直径植物根系在 1 个月、4 个月和 1 年的断裂和拔出破坏情况

在植物根系与土壤的作用关系研究的基础上，针对不同生长时期，对不同直径的植物

根系，根据其在土壤发生剪切破坏过程中最有可能的破坏形式，分别采用单根抗拉强度与拔出强度作为计算根系所能提供的固土效果参数，即直径小于阈值的植物根系在土壤发生破坏时，认定其更有可能发生断裂破坏，使用抗拉强度作为 Wu 模型中的 T_R 值，而直径大于阈值的根系则更有可能发生拔出破坏（图 5.23），使用拔出强度作为计算参数，以此对原有的根系固土模型进行修订。从计算结果可以看出，优化后的模型与实际值更为接近，相较于原有模型的计算结果，优化后的模型计算结果准确度提升了约 80%。更重要的是，校正后的模型可以较为准确地描述植物根系生长过程中固土效果的变化特征。

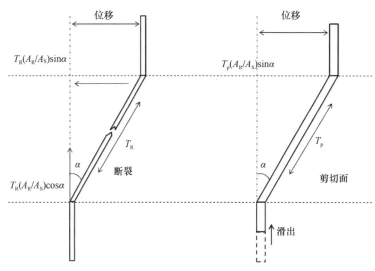

图 5.23 不同植物根系破坏形式示意图

T_P 表示拔出强度，T_R 表示抗拉强度，α 表示倾斜角，A_R 表示根截面积，A_S 表示剪切面面积

5.4.3 小 结

本节分析了植物根系的力学和化学特性，同时分别使用含根土和整株直剪试验，测定植物根系的实际固土效果。根系的杨氏模量和抗拉强度间不存在显著关系，杨氏模量和纤维素含量呈显著正相关关系。根系的抗拉强度和纤维素含量随植物恢复时间而降低，而杨氏模量则随之增加。含根土的黏聚力显著高于无根土（46.4%），内摩擦角小幅度高于无根土（5.0%）。在植物的生长过程中，植物根系的固土效果显著增加，其中草本（狗牙根）第二年即可发挥较好的浅层土加固效果，随后的生长无论是根长密度还是固土效果都几乎不变，且其对深层土壤的加固效果微弱。而灌木（大叶黄杨）和乔木（四川山矾）在本研究的时间区间内，土壤的加固效果随着时间的增加稳定增加，且根系的附加黏聚力值在第二年之后即会超过草本，且对深层土壤也有较好的加固效果。植物根系固土的效果涉及根系与土壤的相互力学作用关系，而其中的影响因素包括土壤含水量、土壤的质地、土壤的紧实度，以及根的长度、根系的表面摩擦力等复杂的因素。而这些因素就成为在土壤发生破坏时，影响土壤中不同直径的植物根系表现为拔出强度还是抗拉强度，进一步地影响植物根系固土效果的表达。试验结果显示，使用修正后的

模型，可以有效地测定不同特定土壤环境下的植物根系固土效能，相对于原有的固土模型，提高约 80% 的准确度。在整株直剪试验后发现，植物在移栽后 4 个月即可发挥比初始状态高的固土效果，同时达到屈服抗剪强度的位移也随之增加，外力在破坏土壤过程中需要做的功更多。未来针对植物生长过程的固土效果变化需要开展更多的研究。

5.5　植物死亡对根系固土的作用

植物因为火灾、风暴、病虫害、疾病和人为活动（如定期的砍伐）等因素而死亡，植物根系的死亡和腐烂将会导致植物根系数量的减少和植物根系强度的减弱。因此，从生物驱动和非生物驱动两个角度去探究植物根系固土效果的变化过程，对森林植物固坡效果的评估具有重大意义，并从植物根系的力学特性、生物组成、与土的相互作用机理等多个维度加深对植物固土固坡机理的理解。

5.5.1　根系固土机理

1. 根系的生物力学特性

在每个时期，分别测定 25 个直径范围在 0～10 mm 的植物根系的化学组成特性。对于植物死亡后所有时期而言，植物根系的纤维素含量和半纤维素含量与植物根系的直径呈正相关关系（$R^2 = 0.79$，$P < 0.001$；$R^2 = 0.73$，$P < 0.001$），而植物根系的木质素含量与直径呈负相关关系（$R^2 = 0.68$，$P < 0.001$），见图 5.24。随着植物根系的死亡，植物

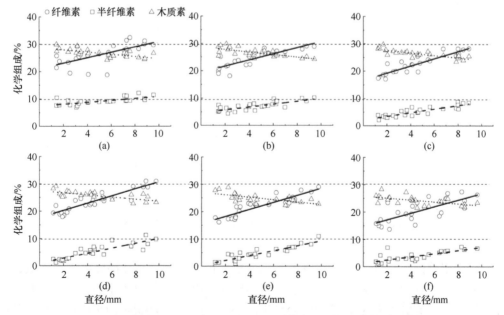

图 5.24　植物死亡不同时间植物根系化学组成含量和根系直径的关系

（a）0 个月；（b）1 个月；（c）3 个月；（d）6 个月；（e）9 个月；（f）12 个月。两条水平虚线分别代表 10% 和 25% 的质量分数

根系的纤维素、半纤维素和木质素的含量都将减少。其中，半纤维素的减少最为显著，减小幅度最大，死亡 12 个月，半纤维素含量从初始状态的 9.6%降低到 5.3%（降低了 4.3%）。纤维素含量在死亡 3 个月的时候降低了 7.9%，死亡 12 个月时降低了 9.2%。同时，对于细根和粗根系，细根（小于 2 mm）根系成分含量的降低要显著高于粗根，根系化学组成的降低与根系的直径呈负相关关系（图 5.24）。

过往的研究显示，植物根系的化学组成，如纤维素、半纤维素和木质素，是根系强度的决定性因素。根系强度的变化可以通过根系的化学组成的变化来解释（图 5.25），包括植物根系随着直径的变化等。本研究的结果显示，随着根系直径的增加，根系纤维素含量和半纤维素含量增加，而木质素的含量降低。这个结论与 Zhang 等（2014）的研究结果相同，而与 Genet 等（2007）的研究结果相反。这个结果可能受物种和根龄的影响，即使相同直径的根系也可能拥有不同的根龄。在本研究中，所有的样本都来自幼树，所以根龄对结果的影响较小。

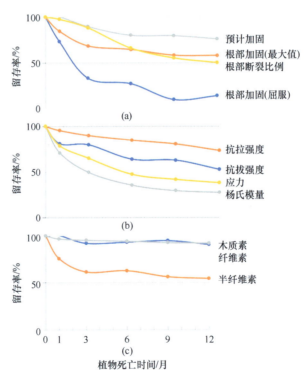

图 5.25　植物死亡后土壤抗剪强度（a）、根系力学参数（b）和根系化学组成参数（c）的留存率

连线仅表示变化趋势

植物根系的抗拉强度和植物根系的直径呈负相关关系，并且符合幂指数函数关系（$R^2 = 0.6$，$P < 0.001$）（图 5.26）。随着植物的砍伐（死亡），植物根系的抗拉强度有着小幅度的降低（负相关关系），植物根系在死亡 12 个月后，植物根系的平均抗拉强度从原始状态（新鲜）的 12.8 MPa 降低到 10.3 MPa（−19.5%）。杨氏模量和根系的伸

长率都与植物根系的直径呈负相关关系（$R^2 = 0.71$，$P < 0.001$；$R^2 = 0.73$，$P < 0.001$）。随着植物的死亡，在三种植物根系的力学强度参数中（抗拉强度、杨氏模量和伸长率），杨氏模量降低的程度最为显著。杨氏模量的初始值（新鲜的根系）为 302.7 MPa，而在 12 个月后，杨氏模量降低为 160.6 MPa，降低幅度为 46.9%（表 5.8）。

表 5.8　植物根系的力学参数随植物死亡的变化关系

切除茎后时间/月	测试根数/个	平均抗拉强度/MPa	具有根径的拟合幂律回归方程	成功数/个	平均杨氏模量/MPa	故障时的应变/%
0	95	12.8±4.1	$T_r = 21.0D^{-0.37}$（$R^2 = 0.47$）	34	302.7±217.5	14.3±3.5
1	105	12.4±3.3	$T_r = 20.6D^{-0.35}$（$R^2 = 0.54$）	28	257.1±166.7	13.2±6.0
3	87	11.2±3.3	$T_r = 18.8D^{-0.40}$（$R^2 = 0.49$）	28	220.7±123.2	12.6±4.8
6	69	11.9±2.8	$T_r = 18.1D^{-0.31}$（$R^2 = 0.66$）	21	199.0±93.1	11.6±2.3
9	74	11.4±2.7	$T_r = 17.7D^{-0.32}$（$R^2 = 0.63$）	21	172.1±71.0	11.3±6.6
12	77	10.3±2.5	$T_r = 16.1D^{-0.33}$（$R^2 = 0.64$）	21	160.6±62.2	10.2±3.1

注：±后的数字表示标准差。

　　已经有不少研究者的研究结果显示，植物根系抗拉强度会随着植物根系的死亡而降低，但是至今还没有研究将根的其他力学参数（如杨氏模量和伸长率）纳入考虑的范畴，并且缺少可以量化的研究结果（表 5.9）。对比过往的研究，随着植物的死亡，本研究发现植物根系的不同力学参数的强度衰减的程度存在较大的差异，抗拉强度、杨氏模

表 5.9　前人研究中根系力学参数和根系固土效果随根系死亡后的变化

文献	物种	根系抗拉强度降低一半所需的时间	植物根系固土效益的计算方式	根系固土效果降低一半所需的时间
O'Loughlin（1973）	花旗松	约 2.5 年		
	红雪松	约 5 年		
O'Loughlin（1974）	红雪松	约 14 月		
	辐射松	约 18.5 月		
	花旗松	约 35 月		
	红雪松	约 37 月		
O'Loughlin and Watson（1979）	辐射松	约 20 月		
Ziemer（1981）	蕨和柔毛山麻杆		直剪	约 7 年（降低到 35%）
Watson 等（1997，1999）	辐射松	约 12 月	模型	约 1.5 年
	艾菊	约 45 月	模型	约 3.5 年
Ammann 等（2009）	欧洲云杉	约 8 年		
Preti（2013）	萌生林系统	约 4.5 年	模型（Waldron，1977；Wu et al.，1979）	4～5 年
Vergani 等（2014）	欧洲冷杉和欧洲云杉	超过 3 年	FBM 模型（Pollen and Simon，2005）	约 1 年
Vergani et al.（2016）	常绿针叶混交林	约 5 年	RBM 模型（Schwarz et al.，2010a）	约 5 年
Vergani et al.（2017）	萌生林系统		RBM 模型	约 5 年

量和伸长率在植物死亡一年后分别降低 19.5%、46.9%和 27.0%。在以上的三种根系力学参数中，根系的抗拉强度是被最广泛研究的，但是在植物死亡过程中其衰减程度也是最低的，而杨氏模量和伸长率对植物的死亡则更加敏感。近些年来，越来越多的学者表示根系的杨氏模量和伸长率对根系的固土效果有着重要的影响。当植物死亡后 1 年，其杨氏模量和伸长率都有较大幅度的衰减，有理由推断在植物死亡后的这段时期，根系的固土效果也会产生巨大的衰减。

植物根系的直径对根系的强度存在很大的影响，同时对根系力学强度的衰减程度也存在很大的影响。本研究发现，根系的衰减程度和植物根系的直径呈负相关关系（图 5.26）。从逻辑上解释，同样根面积比的前提下，细根相对于粗根在土壤中的暴露面积更大，因此，附着在根组织上的微生物活动更加频繁，导致分解作用的比例也相应增加。这使得细根在土壤中的作用更为显著。

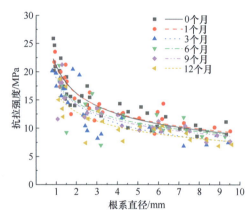

图 5.26　植物死亡不同时间四川山矾样本根系抗拉强度和直径的关系
拟合曲线满足幂函数关系 $y = aD^b$

2. 植物根系的固土作用

平均的植物根系抗剪强度增量在屈服点的值为 27.9 kPa，而在极值点的值为 34.2 kPa。随着植物的死亡，含根土的抗剪强度测试的应力–应变曲线也会发生变化（图 5.27）。屈服点和极值点的植物根系抗剪强度增量都随着植物的死亡而减小（$R^2 = 0.68$，$P < 0.001$；$R^2 = 0.54$，$P < 0.001$），但是其减小的幅度存在较大的差异。屈服点的抗剪强度增量（$\tau_{r\text{-}yield}$）降低得更为明显，在植物死亡 3 个月时降低 66.8%（10.5 kPa），而在植物死亡 12 个月时降低 85.9%（2.5 kPa）。屈服点的应变（ε_{yield}）也随着植物死亡时间的增加而减小。极值点的抗剪强度增量也随着植物死亡而减小，其中在植物死亡 3 个月降低 31.3%（10.5 kPa），而在植物死亡 12 个月时降低 41.6%（8.84 kPa）。极值点的应变则随着植物的死亡呈单峰曲线的变化趋势，其中在植物死亡 6 个月时达到最大值，随后减小（图 5.28）。

在含根土发生剪切破坏后，植物根系的破坏方式与植物根系的直径存在强烈的相关关系（图 5.29）。大多数的根系在含根土发生破坏后滑出土壤而并非发生断裂，统计断裂和滑出根系的直径后发现，几乎没有直径大于 5 mm 的根发生断裂破坏，而较小直径

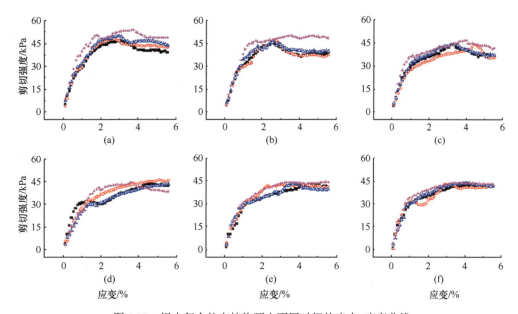

图 5.27　根土复合体在植物死亡不同时间的应力–应变曲线

（a）0 个月；（b）1 个月；（c）3 个月；（d）6 个月；（e）9 个月；（f）12 个月。不同的颜色为 4 组平行对照组的数据

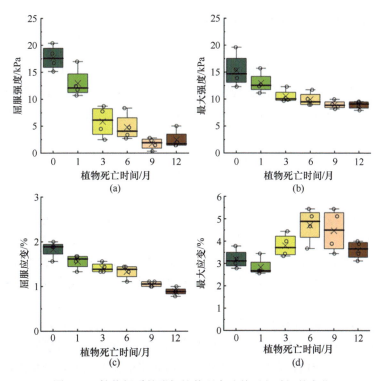

图 5.28　植物根系的附加抗剪强度随着死亡时间的变化

（a）为屈服点处的根系附加黏聚力值的变化；（b）为极值点处的根系附加黏聚力值的变化；（c）为屈服点处的应变；
（d）为极值点处的应变。箱线图中的箱子底端和顶端分别代表 25% 和 75% 的置信区间，中间的黑线代表中位值，又代表均
值，每个箱子由 4 个值组成，并被标为圆圈

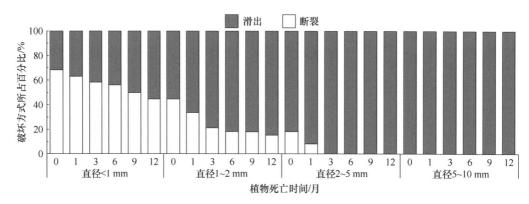

图 5.29　植物死亡后根系不同径级在直剪试验后的破坏方式（断裂或滑出）所占百分比

根系的断裂比例明显高于较粗直径的根系。随着植物的死亡，仅仅在死亡后 1 个月，根系直径在 2～5 mm 的根系断裂的比例就从 18.2%降低到 8.2%；而在植物死亡 3 个月后，没有直径大于 2 mm 的根系在土壤发生直剪破坏后发生断裂；在植物死亡 12 个月后，直径 1～2 mm 根系的断裂比例从 45.6%降低至 20%以下。

5.5.2　植物死亡后根系固土作用的动态过程

1. 根系生物力学特性的动态过程

针对根系力学和化学组成特性，与土壤抗剪强度特性在植物死后 12 个月内的所有数据点分别进行了主成分分析和相关性分析（图 5.30 和图 5.31）。图中横纵坐标的和（主成分）解释了植物根系力学和化学特性之间 92%的变异性（variation），包含植物根系直径、植物根系力学特性（抗拉强度、杨氏模量和伸长率）和根系的化学组成（纤维素、半纤维素和木质素）（图 5.30）。第 1 主成分解释了数据间 75.81%的变异性，并且与植物根系的直径之间存在很强的相关关系。所有的生物力学特性和化学组成特性都与根系直径呈正相关或负相关关系，其中呈正相关关系的有纤维素和半纤维素；呈负相关关系的有抗拉强度、杨氏模量、伸长率和木质素。第 2 主成分解释了数据间 16.19%的变异性，且与根系的衰减水平存在较强的相关性。不同死亡时期的数据使用不同颜色的数据点和多边形划分成多组（墨绿色为死亡 0 个月，绿色为死亡 1 个月，黄色为死亡 3 个月，橘色为死亡 6 个月，棕色为死亡 9 个月，暗棕色为死亡 12 个月），图 5.30 中的信息显示，植物根系的力学特性和化学组成特性都与植物根系的死亡时期呈负相关关系（因由数据线围成的多边形朝着垂直轴反方向排列）。

现有的很多研究都集中于不同直径梯度下植物根系的力学特性和化学组成特性的研究，但是很少有研究将其与植物根系的死亡过程结合起来，并且研究其相互之间的关系。为填补这个研究空白，正如上文所述，本研究将植物根系的直径和植物根系的死亡时期作为两个主要成分，对其他相关的根系力学特性和化学组成特性进行主成分分析。研究结果显示，相对于植物根系的死亡时期，植物根系的直径对根系的力学特性和化学组成特性的影响更大，是因为直径的跨度较大，在 0～10 mm，植物死亡的周期仅仅是

12 个月。所有的参数间都存在着一定的或正或负的相互关系，最值得提到的是，植物根系的力学参数（包括抗拉强度、杨氏模量和伸长率）都与植物根系的木质素含量呈正相关，而与纤维素和半纤维素的含量呈负相关。

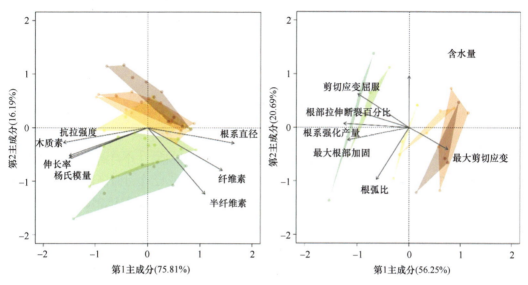

图 5.30 根系、力学和化学组成特性的主成分分析以及土壤抗剪强度特性主成分分析
每个向量（箭头）表示每个参数与主成分间的关系

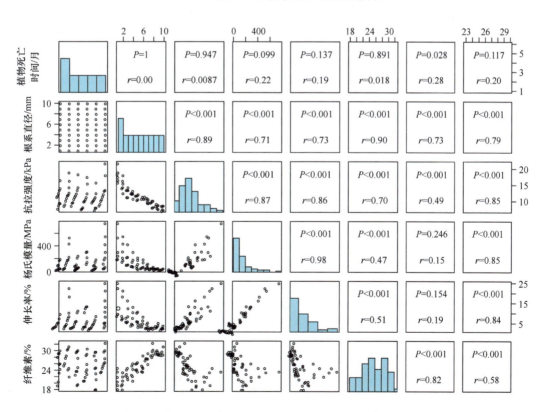

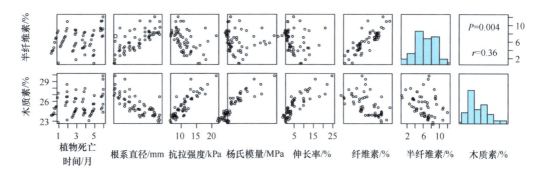

图 5.31　四川山矾死亡时间、根系直径、根系抗拉强度、杨氏模量、伸长率、纤维素含量、半纤维素含量和木质素含量的相互关系

在三种植物的化学组成特性参数中，纤维素含量在植物死亡 3 个月时降低 7.88%，在 12 个月时降低 20.6%；木质素含量在 3 个月时降低 4.7%，在 12 个月时降低 10.4%；而半纤维素含量则在 3 个月时就降低了 38.4%，在 12 个月时更是降低了 55.2%。对比植物根系化学成分和力学特性的降低比率，纤维素含量和木质素含量似乎决定了根系的抗拉强度，而半纤维素含量决定了杨氏模量和拉伸率，杨氏模量和拉伸率主要用于描述根系材料的变形强度信息。对比半纤维素，纤维素和木质素的结构组成更为复杂，导致其更难被微生物分解。而半纤维素是一种自由的、随机的、无定形的强度较小的结构，同时易被水和酶分解。其他的研究也显示出植物木质部分的强度降低首先来自半纤维素的分解。然而，现阶段半纤维素和根系的杨氏模量和伸长率的准确关系在过往的研究中还鲜有报道。同时，植物根系的杨氏模量和伸长率的研究也远远少于植物根系抗拉强度的研究。本研究基于结果可以推断，在研究的三种化学结构特性中，半纤维素含量可能可以决定植物根系的变形特性，因此半纤维素含量的降低导致了杨氏模量和伸长率的大幅度降低。因此，这三种含量相互直剪的比值，可能可以更好地反映根系的力学强度特性（图 5.32）。

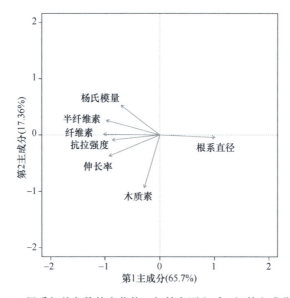

图 5.32　根系相关参数的变化值（初始和死亡后）间的主成分关系

2. 含根土应力–应变的动态过程

在描述根系抗剪强度试验相关参数的图 5.30 中，两个主成分共解释了相关参数 76.94%的变异性，第 1 主成分解释了所有数据 56.25%的变异性，并且和植物死亡时间的相关性最强。第 2 主成分解释了所有数据 20.69%的变异性，并且和根系的密度（这里是根面积比）相关性最强。不同颜色和多边形划分的结果显示，不同死亡时期的数据相互间独立。

植物根系的抗剪强度增量在植物死亡的一年时间就降低了超过 50%，大部分过去的研究显示，在植物死亡 5 年左右，植物根系的固土效能仅衰减了不到 50%。过去的研究对于根系固土的效果都是基于根系固土的模型进行计算得到的结果，这些模型中通常考虑的参数有根系的抗拉强度、根系的直径和根系的密度。例如，Vergani 等（2014）的研究发现，因为细根数量的大幅度减少，植物根系的固土效果在第二年时衰减了 55%。而 Vergani 等（2014）的研究显示，植物根系的固土效果在植物死亡 5 年后，依旧保留了 40%～70%的原始固土效果。因为过去几乎没有研究直接对死亡过程的植物进行原位的直剪试验来测定固土效果的变化，为了更好地理解根系固土的这一过程，本研究利用大盒直剪试验，发现了屈服点的抗剪强度增量在一年的死亡时间内衰减了 85.9%，而极值点的值则降低了 41.6%。而主成分分析的结果显示，利用 FBM 计算的植物根系的固土效果与植物根系死亡时间的相关性很弱。植物根系的固土效果与根系断裂比例的相关性较强（$R^2 = 0.42$，$P = 0.04$）。以上的结果显示，尽管植物根系的抗拉强度也会随植物根系的死亡而减小，但相较根系的断裂方式而言，其并非植物固土效果减小的主要原因。换言之，植物根系固土效果的计算是基于植物根系的抗拉强度和根系密度的，但是其无法反映出最终植物根系固土效果在根系死亡后的减小过程，所以根系的抗拉强度在这时并不能反映根系加固土壤的性能。相较于根系抗拉强度，根系的断裂比例，是导致根系的固土效果衰减的主要原因之一。

另一个影响植物根系固土效果的因素是根系的杨氏模量。相较于抗拉强度，根系的杨氏模量在植物死亡过程的降低更为显著。杨氏模量的强弱可以影响植物根系与土壤的相互力学关系，并且在土壤发生一定应变时增强土壤强度。当植物死亡后，屈服点所对应的应变随着杨氏模量的降低而降低。因此，植物根系的杨氏模量可能会影响植物根系的受力方式。结果显示，在植物死亡 12 个月后，屈服点的根系抗剪强度的增量的降低可能主要是由杨氏模量的降低所导致的，而极值点的值则可能是杨氏模量和抗拉强度共同作用的结果。这同样暗示着植物根系的固土效果的计算，应该将根系的抗拉强度和杨氏模量都纳入计算的范畴。本研究再次确认了植物根系抗拉强度一年内有大约 20%的降低。

气候、微生物活动、植物类型和土壤类型都对植物根系的衰减有着强烈的影响。但在现阶段的研究中，缺少相关地理和气候的具体数据，无法利用过去的研究与本研究进行对比，因此需要更多的相关研究。

5.5.3 小 结

在植物死亡的过程中，对根系加固土壤的效果、根系的破坏方式，以及根系力学特性和化学特性组成特性的研究，有利于理解植物根系固土相关参数之间的相互关系和内部机理。在所有研究的根系力学特性和化学组成特性，以及根系固土效果的参数中，随着植物的死亡，这些参数有着不同的变化趋势。植物根系的力学特性和化学组成特性间存在强相关性，且都随着植物根系直径而变化，其中半纤维素含量、纤维素含量与根系直径呈正相关关系，而抗拉强度、杨氏模量、伸长率和木质素含量则与根系直径呈负相关关系。植物根系的半纤维素含量的变化对根系的杨氏模量和伸长率有显著的影响，而木质素含量和纤维素含量与根系的抗拉强度显著相关。在植物死亡一年后，植物根系的附加抗剪强度显著减小，其中极值点的抗剪强度降低约 41.6%，而屈服点的根系附加抗剪强度值则降低更为显著，约为 85.9%。植物对土壤的加固效果，在植物死亡一年后即发生显著的衰减。

第6章 根系构型对斜坡稳定性的影响

6.1 实 验 准 备

6.1.1 研究内容与方法

1. 研究目标

通过野外采集植物根系和土壤样品，室内测定物理力学特性，野外监测降雨、气温等气象数据和土壤含水量，以及数值模拟研究不同林分条件下斜坡安全系数的动态变化和影响因素比例，选出最适合当地的固土护坡的林分类型。

通过对不同根系构型的根土复合体进行定水头入渗试验和大盒直剪试验，得出不同根系构型根土复合体的入渗性能和抗剪强度参数，利用无限斜坡模型和降雨 *I-D* 曲线分析降雨条件下种植不同根系构型的斜坡的临界条件。

2. 研究内容

研究的重点是植被类型和根系构型在降雨条件下植被的力学作用和水文作用对斜坡稳定性的影响。本研究的主要研究内容包括以下几个方面。

1）林分植被的力学和水文作用

选择研究区内的 4 个具有代表性的林分类型，如常绿阔叶林、针阔混交林、毛竹林和灌木林 4 个林分，通过野外调查和监测以及室内试验，研究各林分根系的力学强度、土壤抗剪强度；结合植被类型对降雨的拦截能力和土壤含水量的响应综合分析各典型林分的植被对降雨的水文作用。

2）典型林分斜坡稳定性的动态变化

以各典型林分内土壤含水量的变化为基础，结合不同林分内植物根系的力学加强作用和土壤物理力学特性，利用无限斜坡模型通过数值模拟的手段得出典型林分斜坡稳定性的动态变化情况，并分析土壤、植被、降雨、气温等影响因素对安全系数的影响。

3）根土复合体的入渗性能和抗剪强度

对不同根系构型的根土复合体进行大盒直剪试验，研究根系构型对土壤抗剪强度的影响，得到不同根土复合体的黏聚力和内摩擦角。对不同根系构型根土复合体进行定水头入渗试验，研究根系构型对土壤入渗性能的影响。

4）根系构型对斜坡稳定的影响

以大盒直剪试验和定水头入渗试验所得根土复合体的抗剪强度参数和入渗特性代表整个斜坡的物理力学参数，利用无限斜坡模型对种植不同根系构型的斜坡稳定性进行分析，得出不同根系构型适合种植的坡度。

3. 研究方法

1）典型林分的选择

本研究选择了重庆缙云山国家级自然保护区内的常绿阔叶林、针阔混交林、毛竹林和灌木林这 4 个典型林分作为研究对象，其中常绿阔叶林、针阔混交林和毛竹林位于狮子峰附近，灌木林位于缙云保护站附近。这 4 种林分与三峡库区的主要植被类型相同，研究这些林分的斜坡稳定性，能够在一定程度上反映三峡库区不同植被类型下的斜坡稳定性。

2）根系的统计、采集和测定以及附加黏聚力的计算

在每个典型林分的斜坡上随机选取 3 个点，进行土壤剖面挖掘，每个剖面挖 1 m 深、1 m 宽，4 种典型林分土壤剖面如图 6.1 所示。然后在剖面固定上自制的根系统计网格（图 6.2），网格里面的每个小格子，从左上角开始编号分别为 1-1、1-2……直到 10-10。利用游标卡尺依次测量每个小格子内根系的数量和直径，然后算出每个土层的根面积比（RAR），RAR 的计算公式如式（6.1）所示：

$$RAR = \frac{\sum\limits_{i=1}^{n} n_i \cdot a_i}{A} = \frac{A_r}{A} \tag{6.1}$$

式中，RAR 为根面积比；n 为根系径级的数量（0～2 mm、2～4 mm、4～6 mm、6～8 mm）；n_i 为根系在第 i 个径级的数量；a_i 为在第 i 个径级的根系的横截面积的平均值，mm；i 为根系径级的编号；A_r 为根系的总横截面积，mm^2；A 为土壤剖面的面积，mm^2。

根系统计结束后，在剖面上采集根系样品，装入取样袋内，简单处理后，带回实验室进行根系的单根抗拉试验。本试验过程采用的仪器为 WDW 系列电子万能试验机（图 6.3），型号 LDW-2 型。此仪器的最大拉力为 100 kN，拉伸速度在 0.005～500 mm/min，拉力传感器和位移传感器精度为±0.5%。试验方法要求试样只有在中间断裂时才算成功，当试样在夹具附近断裂时视为试验失败。试验成功后用游标卡尺测量根系断裂处的直径。根据之前的研究结果（Fan，2012；Li et al.，2017；Preti and Giadrossich，2009），根系极限抗拉强度的计算公式为

$$T_r = \frac{4F_{max}}{\pi D^2} \tag{6.2}$$

式中，T_r 为根系的极限抗拉强度，MPa；D 为根系直径，mm；F_{max} 为根系的极限抗拉力，N。

图 6.1　4 种典型林分土壤剖面

从左至右依次为常绿阔叶林、针阔混交林、毛竹林、灌木林

图 6.2　自制根系统计网格

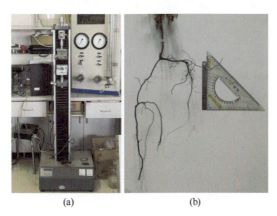

(a)　　　　　　　　(b)

图 6.3　根系力学特性和形态特征测定

（a）万能试验机；（b）根系形态测定

根系对土壤强度的加强作用采用 Wu 模型来估计，因根系存在而产生的附加黏聚力计算公式如式（6.3）所示：

$$C_r = KT_r\text{RAR} \tag{6.3}$$

式中，C_r 为根系产生的附加黏聚力，kPa；K 为比例系数。但是由于 Wu 模型的假设是所有的根系同时断裂，大量研究（Fan and Su，2008）已表明 Wu 模型高估了因根系存在而产生的附加黏聚力，所以研究中的 K 值将参考缙云山地区根系增强抗剪强度的研究（朱锦奇等，2014），K 值取 0.63。

4. 土壤样品的采集和测定

在根系样品采集结束后，在土壤剖面上以土壤深度将剖面分为 4 层（0～20 cm、20～40 cm、40～70 cm、70～100 cm），在每个土层分别用环刀采集原状土以及部分扰动土，本研究所有的土壤物理力学特性均为 3 个土壤剖面所测土壤性质的平均值。

1）土壤基本性质测定

将用环刀采集的原状土样，采用烘干法分层测定各典型林分的土壤容重、含水量和孔隙度等（中国科学院南京土壤所，1978）。

2）土壤抗剪强度测定

采用应变控制式三轴仪测定土壤的有效黏聚力和有效内摩擦角（图 6.4），仪器型号为 TSZ-3 型，试验尺寸为高 80 mm、直径 39.1 mm，最大载荷为 30 kN。扰动土样的制备和试验操作将按照《土工试验方法标准》（GB/T 50123—2019）的要求进行。

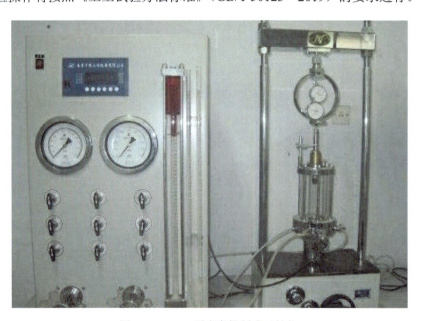

图 6.4 TSZ-3 型应变控制式三轴仪

将在林分内采集的扰动土样，风干碾碎后，过 2 mm 的筛，然后添加相应的水量，充分搅拌后，放入密闭容器浸润 24 h，使土壤含水量均匀，反复测定其土壤含水量，直到符合要求。按照测得的土壤容重称取相应质量的土，采取分层击实的方法进行制样。试样制备好后，对试样进行抽气饱和。试样装好后，分别加 100 kPa、200 kPa、300 kPa、

400kPa 的围压进行固结不排水试验，测定重塑无根土的有效黏聚力和有效内摩擦角。根据有效应力（土壤的有效应力为土壤总应力减去孔隙压力的值），采用有效大主应力和有效小主应力，做莫尔圆，得出抗剪强度包线，从而得出土样的有效黏聚力和有效内摩擦角。

3）土–水特征曲线测定

土–水特征曲线采用压力膜仪测定，将采集的扰动土壤风干、磨细后过 1 mm 的筛。利用环刀制成直径 5.36 cm、高 1.00 cm 土壤试样，每层土样 3 个重复。土样制好后放在蒸馏水中饱和，第二天后取出土样，垫上滤纸后放入压力锅内，然后分别在 0.01 MPa、0.05 MPa、0.10 MPa、0.30 MPa、0.50 MPa、1.00 MPa、3.00 MPa、5.00 MPa、10.00 MPa、15.00 MPa 压力下测定其含水量，根据压力数据与含水量数据拟合土–水特征曲线。

5. 气象数据和土壤含水量的监测

气象数据用的是缙云保护站院内安装的小型气象站和雨量筒（图 6.5）测定的降雨和气温数据。雨量筒采用的是由 ONSET 公司生产的 RG-3M 型，降雨数据由雨量筒内自带时间采集器测定并记录，并配备有电池，能够完全独立运行，其分辨率为 0.2 mm，精度为±1%。温度监测采用 METER 公司生产的 ETC 空气温度传感器，分辨率 0.1 ℃，精度为±0.5 ℃，采样间隔为 30 min。

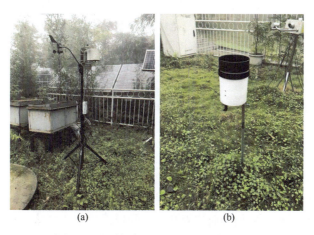

　　　　　　(a)　　　　　　　　　　　　　　(b)

图 6.5　小型气象站（a）和雨量筒（b）

土壤含水量的数据为在各典型林分内的斜坡上布设的土壤含水量传感器测得的数据。每个林分内布设一套传感器和一个数据存储器，每套 3 个传感器，布设的土壤深度分别为 10 cm、50 cm、80 cm。传感器型号为 METER 公司生产的 5TM 土壤湿度温度传感器。数据采集器为该仪表公司生产的 Em50。测定的土壤含水量的精度为±2%，测量间隔为 30 min。本研究所用的降雨、气温以及土壤含水量的数据为 2016 年 8 月 1 日～2018 年 7 月 31 日两年的数据。

此外，为了比较不同林分对降雨的拦截作用，分析了各典型林分土壤含水量对降雨的响应，提出了表征降雨前后土壤含水量变化的指标——土壤含水量变化率，其

表达式为

$$E = (\theta_t - \theta_0)/\theta_0 \tag{6.4}$$

式中，E 为土壤含水量的变化率，%，与降雨条件和林分类型密切相关；θ_0 为降雨事件前的土壤含水量；θ_t 为降雨开始后一天内的最大土壤含水量。

6. 斜坡稳定性分析

利用无限斜坡模型来分析典型林分斜坡的稳定性，假设斜坡坡长为无限长，整个斜坡坡度不变，斜坡的稳定性通过斜坡的抗滑力和下滑力的比值（即安全系数）得到，当安全系数为 1 时斜坡处于极限平衡状态，安全系数<1 时斜坡不稳定，安全系数>1 时斜坡稳定，安全系数的表达式为

$$F_s = \frac{\tan\varphi'}{\tan\beta} + \frac{2(c' + c_r)}{\gamma_s h \sin 2\beta} - \frac{\sigma_s}{\gamma_s h}(\tan\beta + \cot\beta)\tan\varphi' \tag{6.5}$$

式中，F_s 为安全系数；φ' 为土壤有效内摩擦角，°；c' 为土壤有效黏聚力，kPa；c_r 为根系附加黏聚力，kPa；β 为坡度，°；h 为土层厚度，m；γ_s 为土的容重，g/cm³；σ_s 为吸应力，kPa。

其中吸应力的表达式为

$$\sigma_s = -S_e(u_a - u_w) = -\frac{S - S_r}{1 - S_r}(u_a - u_w) = -\frac{\theta - \theta_r}{\theta_s - \theta_r}(u_a - u_w) \tag{6.6}$$

式中，S_e 为有效饱和度；S 为饱和度，是体积含水量与饱和含水量的比值；S_r 为残余饱和度；θ 为体积含水量，%；θ_s 为土壤饱和体积含水量，%；θ_r 为土壤残余含水量，%；$u_a - u_w$ 为基质吸力，kPa。

6.1.2　不同根系构型根土复合体的模拟试验

1. 树种选择和种植

本研究选择的植物均为缙云山常见的植物，根据 Li 等（2016）提出的 6 种根系构型，选择新木姜子（H 型）、大头茶（VH 型）、夹竹桃（M 型）、山矾（R 型）、乌桕（V 型）和杉木（W 型）6 种植物为研究对象。6 种根系构型的结构示意图如图 6.6 所示，根系构型的形态描述见表 6.1。

在缙云山降雨场附近的林分内采集土壤，并测定土壤的物理性质，去除其中的植物根系和石块等杂物，然后过 2.5 目的筛子备用。每种根系构型选取 7 株根系形态大致相同的三年生植物，共 42 株植物，其中 18 株植物用于渗透试验，24 株植物用于剪切试验。植被种植 4~6 个月后进行渗透和剪切试验。用于渗透试验的植物种在 PVC（聚氯乙烯）管内，PVC 管的直径为 20 cm、高 40 cm，管的底部装有配套的堵帽，堵帽上均匀分布着大量排水孔。植物种植过程中分层添加土壤，使根系在土壤中保持原有的形态。渗透试验中每种根系构型 3 个根土复合体，素土作为空白对照，共 21 个根土复合体试样。用于剪切试验的植物种在长 0.5 m、宽 0.5 m、高 0.4 m 的直剪盒内。直剪盒分为上盒和

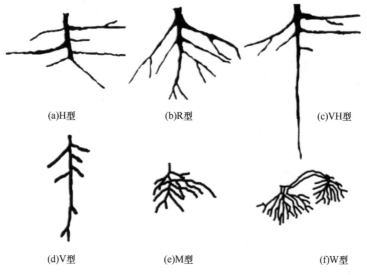

图 6.6　不同根系构型的结构示意图

表 6.1　根系构型形态描述

植物名称	根系构型	形态描述
新木姜子	H 型	大多数根系水平生长
大头茶	VH 型	根系有强壮的主根，侧根接近于水平
夹竹桃	M 型	根系向各个方向生长
山矾	R 型	根系有主根，大多数根系倾斜生长
乌桕	V 型	根系大多数接近垂直生长
杉木	W 型	根系各个方向广泛延伸，树木与树木之间的根系有联系

下盒两部分，下盒底部均匀分布着大量排水孔。植物种植过程中同样分层添加土壤，使根系在土壤中保持原有的形态。剪切试验中 6 种根系构型加上素土作为空白对照，共 7 种根土复合体，每种的根土复合体将在 4 个不同的正应力下进行剪切试验，共 28 个根土复合体试样。

2. 根土复合体的入渗试验

入渗试验准备工作做完后，测定并记录根土复合体样品的土壤含水量和温度，通过加水和静置蒸发两种方法来改变土壤的初始含水量。试验过程中水温变化保持在 23.3～25.1℃，土壤初始含水量在 23.2%～26.3%，因此温度与土壤初始含水量对土壤入渗速率的影响可忽略不计。

入渗试验所用的装置如图 6.7 所示，本装置为自制装置，由根土复合体样品、装置框架、漏斗和自计式雨量筒（RG-3M 型）4 部分组成。入渗试验开始后在根土复合体样品的上端注水，使水面高度维持在 5 cm 左右（中国科学院南京土壤研究所，1978），水渗入根土复合体样品，然后从 PVC 管底端堵帽上的排水孔流出，通过漏斗流入下部的自计式雨量筒中。通过自计式雨量筒自带的记录设备记录渗出水量随试验时间的变化过程，来测定不同根系构型根土复合体在定水头条件下渗流速率的变化过程。

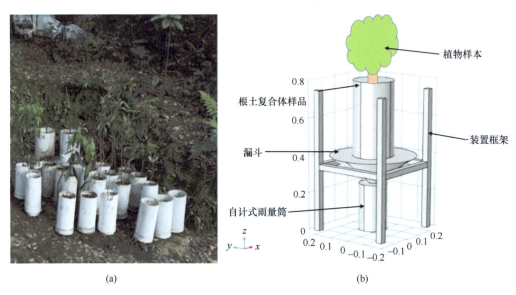

(a) (b)

图 6.7 入渗试验装置种着植被的 PVC 管（a）和入渗试验装置示意图（b）
图（b）中的数值表示距离，单位为 m

将六种不同根系构型的根土复合体及素土的入渗速率随时间的变化过程用以下几种常见的入渗模型进行拟合，从而得到各自适合的入渗模型。

（1）Kostiakov 公式：

$$f = a't^{-\frac{1}{2}}$$ （6.7）

式中，f 为入渗率，mm/min；a' 为入渗系数；t 为时间，min。

（2）Philip 公式：

$$f = \frac{1}{2}st^{-\frac{1}{2}} + A$$ （6.8）

式中，s 为吸水率；A 为稳渗率，mm/min。

（3）Horton 公式：

$$f = f_c + (f_0 - f_c)e^{-kt}$$ （6.9）

式中，f_c 为稳定入渗率，mm/min；f_0 为初始入渗率，mm/min；k 为常数。

入渗速率每 5 min 取一个值，得出渗流速率随时间的变化曲线，3 个重复求取平均值后，利用 Origin 8.0 拟合渗透模型。

3. 根土复合体的剪切试验

为了能够更好地量化根系对土壤强度的加强作用，得到根土复合材料的黏聚力和内摩擦角，按照 Fan 和 Chen（2010）以及 Ghestem 等（2014）提出的方法对根土复合体进行了剪切试验。

本实验所用的仪器为自制的大型应变控制式直剪仪（图6.8），直剪仪主要分为6个部分：用于控制直剪仪的控制箱、用于提供动力的三相电机、用于传递动力的螺母–丝杆套筒、用于放置根土复合体的直剪盒、用于测量剪应力的传感器与数采盒、基础框架。螺母–丝杆套筒的导程为2.5 mm。配备的电机功率为1.1 kW，电机运行电压为380 V，电机转速为1400 r/min，变频器功率为1.1 kW，可以实现电机转速的调节。电机以50 Hz运行时可调整最小转速为10 mm/min。

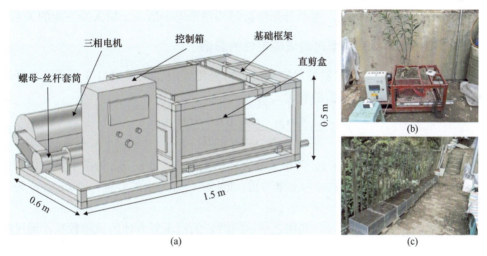

图6.8　剪切试验装置
（a）自制直剪仪的示意图；（b）直剪仪照片；（c）根土复合体样品

每种根系构型的根土复合体会在1 kPa、2 kPa、3 kPa、4 kPa 4 种正应力下进行大盒直剪试验。试验开始前将种植根土复合体的直剪盒抬到直剪仪的直剪盒内，准备好后打开开关，剪切过程中，上直剪盒固定，下直剪盒以10 mm/min 速率向前推进。通过应力传感器测得的数据得出各种根土复合体在不同正压力下的应力–应变曲线。根据不同正压力与其对应的最大剪应力采用摩尔–库仑破坏准则计算不同根土复合材料的内摩擦角和黏聚力，其表达式为

$$\tau = c + \sigma \tan\varphi \tag{6.10}$$

式中，τ 为根土复合体的剪切应力，kPa；c 为根土复合体的黏聚力，kPa；σ 为正应力，kPa；φ 为根土复合体的内摩擦角，°。

通过能量模型计算不同正压力下各种根土复合体及素土在剪切过程中消耗的能量。

4. 根系形态测定

入渗试验结束后，取出根土复合体，小心地清理周围的土壤，将整株根系完整取出，利用相关测量工具等对根系的形态特征等进行测量统计，从而得出不同根系构型的根长、根体积、根系角度等参数。

不同根系构型的体积分形维数采用王国梁和刘国彬（2009）推导出的公式进行计算。其计算公式为

$$\frac{V_{(r<R)}}{V_{\mathrm{T}}} = \left(\frac{R}{\lambda_{\mathrm{V}}}\right)^{3-D} \tag{6.11}$$

式中，r 为根系的直径；$V_{(r<R)}$ 为直径小于 R 的根系累积体积（这里的体积均为体积百分数）；V_{T} 为根系的总体积；λ_{V} 为所有根系区间的最大值，数值上等于最大根系直径；D 为根系直径体积分形维数；$V_{(r<R)}/V_{\mathrm{T}}$ 为直径小于 R 的根系的累积体积百分含量。计算时 R 取某粒级上限值与下限值的算术平均值，然后以 $\lg(R/\lambda_{\mathrm{V}})$ 为横坐标，以 $\lg[V_{(r<R)}/V_{\mathrm{T}}]$ 为纵坐标，拟合成一条直线，该直线斜率等于 $3-D$。进一步求出分形维数 D 值。

随后分析根长、根体积、根系分形维数等构型形态参数与土壤入渗性能的关系。

5. 降雨条件下根系构型对斜坡稳定性的影响

降雨条件下根系构型对斜坡稳定性的分析采用无限斜坡模型与降雨强度和降雨历时的 *I-D* 模型，斜坡安全系数的表达式为

$$F_{\mathrm{s}} = \frac{c_{\mathrm{r\text{-}s}} + z(\gamma_{\mathrm{s}} - m\gamma_{\mathrm{w}})\cos^2\theta\tan\varphi_{\mathrm{r\text{-}s}}}{z\gamma_{\mathrm{s}}\cos\theta\sin\theta} \tag{6.12}$$

式中，F_{s} 为斜坡的安全系数；$c_{\mathrm{r\text{-}s}}$ 为根土复合体的黏聚力，kPa；$\varphi_{\mathrm{r\text{-}s}}$ 为根土复合体的内摩擦角，°；z 为土壤深度，m；γ_{s} 为土壤容重，kN/m³；γ_{w} 为水的容重，kN/m³；m 为土壤饱和度，%；θ 为坡度，°。

将斜坡的安全系数定为 1，利用之前试验测定的根土复合体的试验数据，通过改变土壤饱和度（饱和度范围为 0~1，每次增量为 0.01）和斜坡坡度（坡度范围为 0°~70°，每次坡度增量为 0.01°），计算得出斜坡的临界坡度和土壤饱和度。

通过土壤的有效孔隙度和土壤饱和度计算出斜坡失稳需要的含水量，所需含水量的计算公式为

$$S_{\mathrm{crit}} = zmP \tag{6.13}$$

式中，S_{crit} 为坡体失稳需要的水量，mm；P 为土壤有效孔隙度。

降雨渗入土中后，一部分水分渗入土壤深处，另一部分水分留在土壤中，当留在土壤中的水分达到斜坡失稳所需的水量时，斜坡出现失稳的可能，最初的 *I-D* 曲线为

$$ID - K_{\mathrm{sat}}D = S_{\mathrm{crit}} \tag{6.14}$$

式中，I 为降雨强度，mm/h；D 为降雨历时，h；K_{sat} 为土壤的饱和导水率，mm/h。

根土复合体饱和状态的 K_{sat} 是通过恒定水头测量的，对于 K_{sat} 表示为

$$q = K_{\mathrm{sat}}\frac{\mathrm{d}h}{\mathrm{d}s} \tag{6.15}$$

式中，q 为水流速度，m/s；K_{sat} 为饱和导水率，m/s；$\mathrm{d}h/\mathrm{d}s$ 为水力梯度，m/m。流速可以表示为 $q=Q/A$，Q 为水通量，m³/s；A 为水流通过的截面面积，m²。

当斜坡失稳所需含水量一定时，降雨历时随着降雨强度的变化而变化。当降雨强度小于土壤饱和导水率时，降雨历时为斜坡失稳所需水量与降水量和饱和导水率的差值之比；当降雨大于等于土壤饱和导水率时，降雨历时为斜坡失稳所需水量与饱和导水率和下层土壤母质导水率的差值之比。土壤母质的导水率较低，当降水量小于土壤

母质导水率时对斜坡稳定性影响不大，所以公式中未列出。最终的降雨历时与降雨强度的表达式为

$$
\begin{cases}
D = \dfrac{S_{\text{crit}}}{I - K_{\text{d}}} & K_{\text{d}} < I < K_{\text{sat}} \\[3mm]
D = \dfrac{S_{\text{crit}}}{K_{\text{sat}} - K_{\text{d}}} & I \geqslant K_{\text{sat}}
\end{cases}
\tag{6.16}
$$

式中，K_{d} 为下层土壤母质的饱和导水率，mm/h。

6.2　根系构型的力学和水文作用

6.2.1　不同根系构型植物的根系形态与抗拉强度

1. 不同根系构型植物的抗拉强度

关于不同根系构型的植物，H 型根系的植物为新木姜子，VH 型根系的植物为大头茶，M 型根系的植物为夹竹桃，R 型根系的植物为山矾，V 型根系的植物为乌桕，W 型根系的植物为杉木，共 6 种植物根系。

6 种植物的根系抗拉强度与根系直径的关系如图 6.9 所示。从植物根系的根系抗拉强度随根系直径变化趋势来看，6 种根系可以明显地分为两类，一类是夹竹桃的根系，根系直径较小时，根系的抗拉强度就很低，抗拉强度随直径的增加缓慢减小，最后几乎不变；另一类是新木姜子、大头茶、山矾、乌桕和杉木的根系，这些植物的根系，当直径较小时，根系抗拉强度较大，随着直径的增加抗拉强度快速减小，根系直径增加，抗

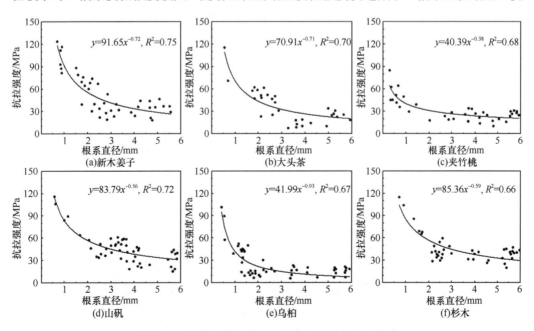

图 6.9　6 种植物的根系抗拉强度与根系直径的关系

拉强度的减小速度逐渐减小。

2. 不同根系构型植物的根系形态特征

根长密度和根体积密度是表征单位土壤体积内根系生物量的两个重要参数。根长密度表示的是单位土壤体积内根系的总长度，根体积密度是指根系体积与其所在地土壤体积的比值。不同根系构型的根长密度和根体积密度如表 6.2 所示，不同根系构型的根长密度和根体积密度差异较大，根长密度最大的是 W 型根系，达到（0.22±0.01）mm/cm³，根长密度最小的是 M 型根系，仅为（0.07±0.01）mm/cm³；根体积密度最大的是 W 型根系，达到（0.92±0.05）mm³/cm³，根体积密度最小的是 H 型根系，仅为（0.58±0.08）mm³/cm³。

表 6.2 不同根系构型的根长密度和根体积密度

根系参数	H 型	VH 型	M 型	R 型	V 型	W 型
根长密度/（mm/cm³）	0.11±0.01	0.12±0.02	0.07±0.01	0.11±0.01	0.15±0.11	0.22±0.01
根体积密度/（mm³/cm³）	0.58±0.08	0.63±0.09	0.59±0.04	0.60±0.05	0.71±0.09	0.92±0.05

不同根系构型的根系各个方向的根系数量如图 6.10 所示。水平根是指根系的延伸方向与水平面之间的夹角在 0°～30° 的根系，倾斜根是指根系的延伸方向与水平面之间的夹角在 30°～60° 的根系，垂直根是指根系的延伸方向与水平面之间的夹角在 60°～90° 的根系。H 型根系与水平面的夹角大多在 0°～30°，主要为水平根；VH 型根系与水平面的夹角大多在 0°～30° 和 60°～90°，从夹角大小来看属于水平根和垂直根；M 型根系与水平面的夹角在 0°～90° 都有涉及，各个方向的根系都有；R 型根系与水平面的夹角大多在 30°～60°，主要为倾斜根；V 型根系与水平面的夹角大多在 60°～90°，主要为垂直根；W 型根系与水平面的夹角大多在 30°～90°，主要为水平根和倾斜根。

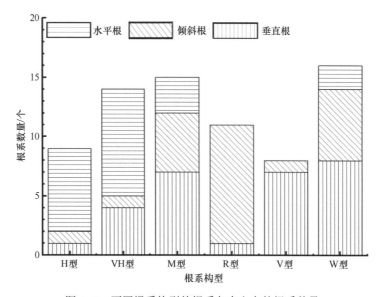

图 6.10 不同根系构型的根系各个方向的根系数量

根系体积分形维数是通过不同径级内的根系与整个根系体积之间的关系得到的与根系体积和直径相关的参数，可以在一定程度上体现根系的分枝状况。有无明显主根是影响根系形态的重要因素，VH 型根系、H 型根系、R 型根系和 V 型根系这 4 种根系构型存在明显的主根，分枝相对较少，导致分形维数较小，另外的两种根系构型由于没有主根或者主根不明显，分枝较多，所以分形维数较大。6 种不同根系构型的体积分形维数如图 6.11 所示，从大到小依次为 W 型根系、M 型根系、R 型根系、VH 型根系、V 型根系、H 型根系，其值均在 1～2。

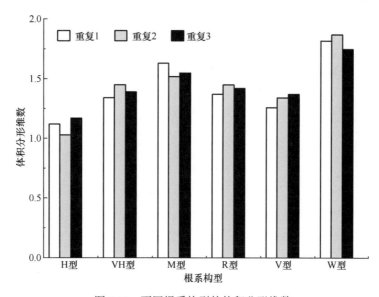

图 6.11　不同根系构型的体积分形维数

6.2.2　根土复合体的抗剪强度

1. 根土复合体的应力–应变曲线

素土和根土复合体的剪应力和剪切位移曲线如图 6.12 所示。在各正应力条件下，素土的剪切应力均较小，会出现峰值且峰值出现较早，峰值出现后剪应力缓慢减小。在 1 kPa 的正应力条件下剪应力峰值出现在 3.5 cm 处，剪应力为 20.69 kPa，在 2 kPa、3 kPa、4 kPa 的正应力条件下，剪应力都有不同程度的增加，剪切峰值出现的剪切力都有所提前，在 1～1.5 cm 处。H 型根土复合体在各正应力条件下的剪应力都有所提高，在 3 kPa、4 kPa 的正应力条件下的应力–应变曲线外各曲线的剪应力峰值出现的时间都有不同程度的推迟，3 kPa 正应力条件下的剪应力峰值出现在 3.5 cm 的剪切位移处，峰值剪应力为 64.19 kPa，4 kPa 正应力条件下的剪应力峰值出现在 4.25 cm 的剪切位移处，剪应力峰值为 82.65 kPa。VH 型根土复合体的应力–应变曲线与 H 型根土复合体相比，剪应力略有增加，1 kPa 和 4 kPa 正应力条件下的剪切位移分别达到了 6.5 cm 和 5.7 cm，4 kPa 正应力条件下剪应力峰值达到了 94.61 kPa。M 型根土复合体和 W 型根土复合体的应力–应变曲线，与前三种相比有所不同，一开始剪应力增长较慢，剪应力随着剪切位移的

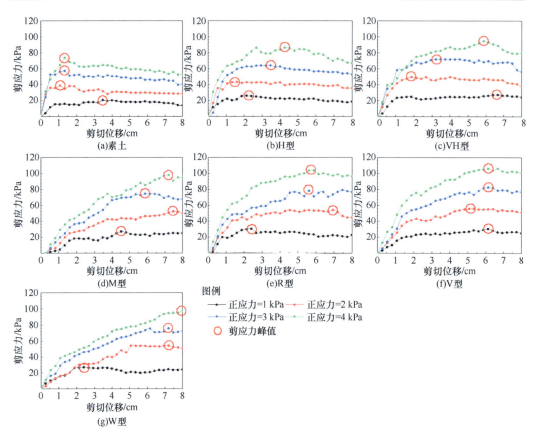

图 6.12　素土和不同根系构型根土复合体的剪应力和剪切位移曲线

增加而不断增加，剪应力峰值出现的剪切位移大幅提升，均达到了 4 cm 以上，2 kPa 和 4 kPa 正应力条件下的剪切位移更是达到了 7 cm 以上。R 型和 V 型根土复合体与 M 型根土复合体的应力–应变曲线趋势相同，但是在剪切过程中，剪应力的增加速率更快，剪应力峰值也更大，在 4 kPa 的正应力条件下剪应力峰值分别达到了 103.55 kPa 和 105.89 kPa。

各种根土复合体与素土相比，由于植物根系的存在，在给定正应力条件下，剪应力峰值有所提高。与素土相比，H 型根系对土体的剪应力峰值改善效果不大，而 R 型和 V 型根系对土体的剪应力峰值改善最为显著。植物根系对根土复合材料的一个影响是它可以延缓剪应力峰值的出现。

在剪切试验中，主根可能会影响剪应力。在 6 种根构型中，H 型根系、VH 型根系、R 型根系和 V 型根系存在明显的主根，在剪切过程中，前期剪应力增长较快，后期缓慢增长或略有降低。M 型根系和 W 型根系无明显的主根，剪应力随着剪切位移增加而不断增大。

2. 根土复合体的抗剪强度参数

根土复合体和素土在各正应力条件下的剪应力峰值如图 6.13 所示。各种根土复合体和素土的剪应力峰值均随正应力的增加而增加，且正应力越大，各根土复合体间的剪应力峰值差异越大。在 1 kPa 正应力条件下剪应力峰值在 20.68～30.56 kPa，2 kPa 正应力条件下剪应力峰值在 38.69～56.13 kPa，3 kPa 正应力条件下剪应力峰值在 57.31～82.54 kPa，4 kPa 正应力条件下剪应力峰值在 73.59～105.89 kPa。在 1 kPa、2 kPa、3 kPa 和 4 kPa 正应力条件下，由于根系的存在，剪应力峰值分别增加了 25.38%～47.73%、11.47%～45.07%、12.00%～39.30%、17.21%～43.89%。

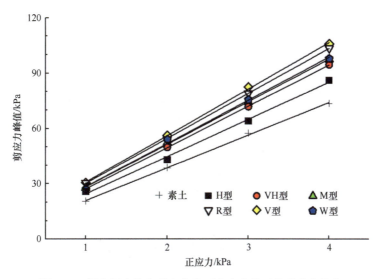

图 6.13　根土复合体和素土在各正应力条件下的剪应力峰值

根据摩尔–库仑定律，素土和不同根土复合体的黏聚力和内摩擦角如表 6.3 所示。素土的黏聚力为 3.24 kPa，内摩擦角为 17.73°。各根土复合体的黏聚力和内摩擦角为 4.38～5.89 kPa 和 20.2°～24.39°，根系的存在可以使土体的黏聚力和内摩擦角分别增加 35.19%～81.79%和 12.92%～42.36%。在 6 种不同的根土复合体中，V 型根土复合体和 VH 型根土复合体的黏聚力与内摩擦变化较小，R 型根系、V 型根系和 W 型根系的黏聚力和内摩擦角增加较多。

表 6.3　素土和不同根土复合体的黏聚力和内摩擦角

抗剪强度参数	素土	H 型	VH 型	M 型	R 型	V 型	W 型
黏聚力/kPa	3.24	4.38	4.79	5.18	5.89	5.68	5.01
内摩擦角/ (°)	17.73	20.2	22.43	23.12	24.39	24.24	23.60

3. 根土复合体剪切过程中消耗的能量

根土复合体和素土在剪切过程中消耗的能量如图 6.14 所示。随着正应力的增加，剪切过程中消耗的能量增加，在 1 kPa、2 kPa、3 kPa、4 kPa 的正应力条件下，根土复合体和素土在剪切过程中消耗的能量分别为 1.34～1.86 kJ/m²、2.52～3.64 kJ/m²、3.84～5.06 kJ/m²、4.73～6.69 kJ/m²。在正压力相同的条件下，根土复合体消耗的能量均大于素土，6 种根土复合体中 W 型和 M 型根土复合体消耗的能量最小，其他 4 种根土复合体消耗的能量较大，这可能与根系是否存在最明显的主根有关。随着正应力的增加，因根系存在产生的能量增量也在增加。

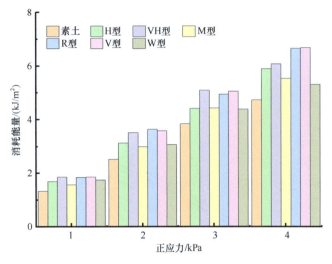

图 6.14　根土复合体和素土在剪切过程中消耗的能量

6.2.3　根土复合体的入渗性能

1. 根土复合体的入渗性能

根土复合体和素土的稳渗速率如表 6.4 所示。素土的稳渗速率最小，仅为 0.13 mm/min。6 种根土复合体中，H 型根土复合体的稳渗速率最小，为 0.26 mm/min，其次为 VH 型根土复合体、M 型根土复合体、R 型根土复合体、V 型根土复合体，W 型稳渗速率最高为 0.68 mm/min。根系的存在使土体的入渗性能提高了 1～4.23 倍。

表 6.4　根土复合体与素土的稳渗速率

根系构型	素土	H 型	VH 型	M 型	R 型	V 型	W 型
稳渗速率/（mm/min）	0.13	0.26	0.30	0.38	0.42	0.54	0.68

2. 入渗模型拟合

素土和 6 种根土复合体利用几种入渗模型的拟合参数见表 6.5，从入渗模型的拟合程度来看，根土复合体的渗透速率随时间的变化规律用这 3 种模型来表示均有不错的效果。从模型参数代表的实际意义来看，Philip 公式的参数拟合的 A（稳渗率）除 R 型根土复合体外，均为负值，与其代表的物理意义不符。从 R^2 来看，Horton 公式比 Kostiakov 公式更接近于 1，所以 6 种不同根系构型的根土复合体和素土的入渗速率随时间的变化趋势用 Horton 公式来拟合效果更好。

表 6.5　素土和根土复合体的入渗模型的拟合参数

| | Kostiakov 公式 | | Philip 公式 | | | Horton 公式 | | | |
	a'	R^2	A	s	R^2	f_c	f_0	k	R^2
素土	3.58	0.78	−0.40	2.93	0.97	0.18	3.23	0.07	0.98
H 型	4.06	0.91	−0.02	2.08	0.91	0.23	1.61	0.02	0.98
VH 型	4.98	0.91	−0.13	2.88	0.93	0.29	2.34	0.03	0.99
M 型	6.34	0.91	−0.32	4.08	0.97	0.39	3.63	0.04	0.99
R 型	5.55	0.95	0.05	2.93	0.95	0.43	2.62	0.04	0.99
V 型	8.07	0.94	−0.04	4.15	0.94	0.51	3.29	0.03	0.98
W 型	9.12	0.95	−0.23	10.40	0.97	0.68	4.86	0.05	0.99

为了进一步检验模型的有效性，对实测值和 Horton 公式与 Kostiakov 公式的模拟值用配对 t 检验进行模型的有效性检验，模型检验结果如表 6.6 所示，当 $|t| \geqslant t_{\alpha/2}(35)$，模型的实测值与模拟值无显著差异，模型可用。从模型有效性检验的结果来看，H 型根土复合体和 M 型根土复合体的入渗过程可以通过 Horton 公式来表示，M 型根土复合体、R 型根土复合体和 W 型根土复合体的入渗过程可以通过 Kostiakov 公式来表示。

表 6.6　配对 t 检验模型检验结果

类型	$t_{\alpha/2}$（35）	素土	H 型	VH 型	M 型	R 型	V 型	W 型
Horton 公式	2.72	3.07	−8.27	−0.13	5.47	1.9	1.49	1.37
Kostiakov 公式	2.72	4.03	−0.01	−0.04	3.17	7.87	1.42	−8.21

3. 根土复合体入渗性能与根系特征的关系

根系特征（如直径、长度、弯曲度、方向、拓扑结构）会在一定程度上影响根土复合体的入渗性能。根长密度和根体积密度与根土复合体的稳渗速率之间的关系如图 6.15和图 6.16 所示。根土复合体的稳渗速率随着根系的根长密度变化，二者之间满足如下关系：$y=2.68x+0.08$（$R^2=0.69$，$P=2.2\times10^{-5}$），根土复合体的稳渗速率随着根系的根体积密度变化，二者之间满足如下关系：$y=1.00x-0.24$（$R^2=0.79$，$P=9.06\times10^{-7}$）。由于 P 值均＜0.001，所以根土复合体的稳渗速率随根长密度和根体积密度的变化均呈极显著的正相关关系。根长密度和根体积密度越大，根系与土壤的接触面积和影响范围越大，对土壤入渗性能改善效果越好。

不同根系构型的根系分形维数能够将根系几何形态转化为定量化参数，用来研究根系形态对土壤入渗性能的影响，可以加深对根系几何形态的认识，提高定量描述根系形态参数的可靠性。根土复合体的稳渗速率随根系分形维数的变化如图 6.17 所示，二者之间满足如下关系式：$y=0.48x-0.25$（$R^2=0.51$，$P=9.24\times10^{-4}$，$P<0.001$），根系的

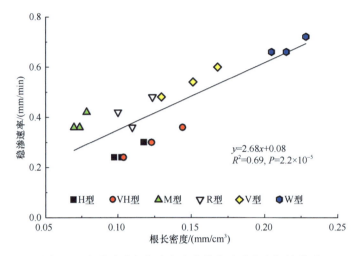

图 6.15　根长密度与根土复合体的稳渗速率之间的关系

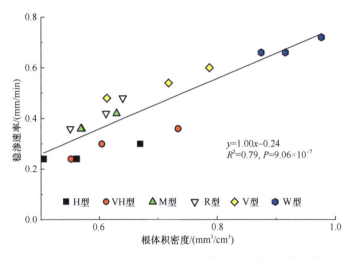

图 6.16　根体积密度与根土复合体的稳渗速率之间的关系

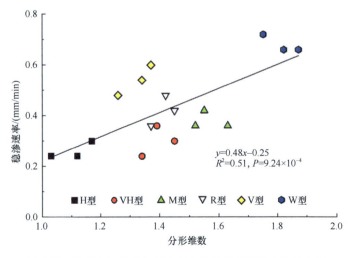

图 6.17　根系分形维数与根土复合体的稳渗速率之间的关系

分形维数与土壤的稳渗速率呈极显著的正相关关系。这可能是因为根系的分形维数越大，表明细根的含量越多，根系与土壤接触面越大，根系对土壤入渗性能的改善作用越好。

6.2.4　讨论与小结

1. 讨论

1）根系构型对土壤力学特性的影响

根系的密度、分枝、长度、体积、倾斜方向等形态特征显著影响土壤力学特性。从剪应力峰值来看，R 型和 V 型根土复合体最大，其次是 M 型、VH 型和 W 型根土复合体，H 型根土复合体最小。有主根存在的根系，由于垂直的粗根，大量的分枝和细根在剪切平面上下强有力地加固了土壤，提供了较大的剪切阻力。

植物根系的存在使黏聚力和内摩擦角分别提高了 35.19%～81.79% 和 12.92%～42.36%。其中，R 型和 V 型根系的影响最为显著。本书的研究结果支持了 Fan 和 Chen（2010）的结论，即具有明显斜根和垂直根的植物根系所提供的抗剪强度增量要大于以侧根为主的根系结构。

2）根系构型对土壤入渗特性的影响

根系对土壤入渗的影响已经得到了广泛的研究。植物根系的存在能够显著增加土壤入渗速率，减少地表径流。Huang 等（2012）认为在相同降雨条件下，有植物根系的土壤湿润锋深度显著大于素土。研究结果表明，根系可使土壤入渗速率提高 1～4.23 倍，土壤入渗速率与根长密度、根体积密度和分形维数呈正相关。增加根系生物量可以提高土壤入渗能力，入渗速率随根系生物量和根长密度线性增加。植物根系在土壤中的互渗缠绕可以改善土壤的间隙条件，增加土壤入渗量。6 种根系构型的根土复合体中 H 型根土复合体的入渗性能最差，W 型根土复合体的入渗性能最好。水平根系可以防止水分入渗，倾斜根系和垂直根系可以促进土壤水分向深层土壤流动。垂直根和倾斜根对土壤入渗性能的改善高于水平根。

2. 小结

本章通过对不同根系构型的根系形态和抗拉强度测定与对不同根系构型的根土复合体及素土进行大盒直剪试验和入渗试验，得出了不同根系构型的形态参数和抗拉强度、不同根系构型根土复合体和素土在不同正压力下的应力–应变曲线和抗剪强度参数、稳渗速率以及与根系形态的关系，结果如下：

（1）通过对 6 种不同根系构型的根系形态进行统计，发现根长密度最大的是 W 型根系，最小的是 M 型根系；根体积密度最大的是 W 型根系，根体积密度最小的是 H 型根系；水平根系数量最多的为 H 型和 VH 型根系，倾斜根系数量最多的为 R 型根系，垂直根系数量最多的为 W 型根系；6 种不同根系构型的体积分形维数从大到小依次为 W

型根系、M 型根系、R 型根系、VH 型根系、V 型根系、H 型根系，其值均在 1～2。

（2）通过根系抗拉强度测定发现，4 种植物根系的抗拉强度均随根系直径的增加而减小，呈负的幂指数关系，从 4 种植物根系的根系抗拉强度变化趋势来看，4 种根系可以明显地分为两类：一类是夹竹桃的根系，当直径较小时根系抗拉强度就较低，抗拉强度随直径的增加变化不大；另一类是新木姜子、大头茶、山矾、乌桕和杉木的根系，这些植物的根系当直径较小时根系抗拉强度较大，随直径的增加抗拉强度变化很大。

（3）从素土和各种根土复合体的剪切试验的结果可知，植物根系的存在会增加剪应力峰值和剪切过程中消耗的能量，正应力越大，植物根系产生剪应力峰值增加量和消耗能量的增加量越大。与素土相比，H 型根系对土体的剪应力峰值改善效果不大，而 R 型和 V 型根系对土体的剪应力峰值改善最为显著，能量的消耗与是否存在明显的主根有关。

（4）根据摩尔–库仑定律得出，素土和 6 种根土复合体的黏聚力从大到小依次为 R 型（5.89 kPa）、V 型（5.68 kPa）、M 型（5.18 kPa）、W 型（5.01 kPa）、VH 型（4.79 kPa）、H 型（4.38 kPa）、素土（3.24 kPa）；内摩擦角从大到小依次为 R 型（24.39°）、V 型（24.24°）、W 型（23.60°）、M 型（23.12°）、VH 型（22.43°）、H 型（20.2°）、素土（17.73°）；土体的黏聚力和内摩擦角在植物根加强作用下能够分别增加 35.19%～81.79%和 12.92%～42.36%。

（5）从入渗模型的拟合程度来看，根土复合体的渗透速率随时间的变化规律用 Horton 公式来表示最合适。由模型有效性检验的结果来看，H 型根土复合体和 M 型根土复合体的入渗过程可以通过 Horton 公式来表示，M 型根土复合体、R 型根土复合体和 W 型根土复合体的入渗过程可以通过 Kostiakov 公式来表示。

（6）素土的稳渗速率值最小，仅为 0.13 mm/min。6 种根土复合体中，H 型根土复合体的稳渗速率最小，为 0.26 mm/min，W 型根土复合体的稳渗速率最高，为 0.68 mm/min，根系的存在使土体的稳渗速率提高了 1～4.23 倍，根系的根长密度、根体积密度、分形维数与土壤稳渗速率之间的关系均为正相关关系。

6.3　不同根系构型的斜坡稳定性分析

6.3.1　不同根系构型下斜坡稳定性

不同根土复合体的斜坡和裸坡出现失稳可能的临界坡度如表 6.7 所示。素土和根土复合体的抗剪强度和饱和导水率等物理力学性质不同，造成了斜坡临界坡度的不同。根据无限边坡稳定性模型，裸坡和不同根土复合体斜坡的临界坡度分别为 23.91°～29.49°、30.58°～37.32°、34.65°～42.68°、37.51°～46.60°、44.10°～66.46°、43.23°～61.84°、36.82°～45.67°。随着临界坡度的增加，斜坡临界坡度的范围也随之增加。与没有植物根系存在的裸坡相比，植物根系的存在显著提高了斜坡的最小临界坡度 6.67°～20.19°。6 种根土复合体斜坡的最小临界坡度均大于 30°，其中 R 型根土复合体的斜坡和 V 型根土复合体的斜坡的临界坡度最大，达到了 40°以上，其次是 M 型根土复合体的斜坡和 W 型根土复合体的斜坡，VH 型根土复合体的斜坡和 H 型根土复合体的斜坡的临界坡度最小。需要注意的是，R 型的根土复合体的倾斜根比例较高，V 型根土复合体的垂直根占多数，说明植物根系对边坡稳定性的作用可能主要是由于垂直根和斜根的存在。

表 6.7　6 种根土复合体斜坡和裸坡出现失稳可能的临界坡度

坡型	裸坡	H 型	VH 型	M 型	R 型	V 型	W 型
临界坡度/（°）	23.91～29.49	30.58～37.32	34.65～42.68	37.51～46.60	44.10～66.46	43.23～61.84	36.82～45.67

裸坡和 6 种根土复合体的斜坡在其临界坡度下与土壤饱和度的关系变化如图 6.18所示。当裸坡的坡度在 23.91°以下时，斜坡始终处于稳定状态，不会随着土壤饱和度的增加而出现失稳；当裸坡的坡度在 23.91°～29.49°时，斜坡会随着土壤饱和度的增加而逐渐减低，最后出现失稳的可能；当裸坡坡度大于 29.49°时，斜坡始终处于不稳定的状态。在 H 型根系的斜坡中，当坡度小于 30.58°时，斜坡始终处于稳定状态，不会随着土壤饱和度的增加而出现失稳；当坡度在 30.58°～37.32°时，斜坡会随着土壤饱和度的增加而逐渐减低，最后出现失稳的可能；当坡度大于 37.32°时，斜坡始终处于不稳定的状态。在 VH 型根系的斜坡中，当坡度小于 34.65°时，斜坡始终处于稳定状态，不会随着土壤饱和度的增加而出现失稳；当坡度在 34.65°～42.51°时，斜坡会随着土壤饱和度的

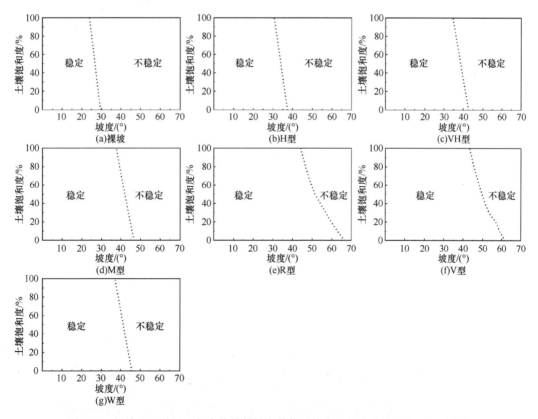

图 6.18　裸坡和 6 种根土复合体的斜坡在其临界坡度下与土壤饱和度的关系变化

增加而逐渐减低，最后出现失稳的可能；当坡度大于 42.51°时，斜坡始终处于不稳定的状态。在 M 型根系的斜坡中，当坡度小于 37.51°时，斜坡始终处于稳定状态，不会随着土壤饱和度的增加而出现失稳；当坡度在 37.51°～46.60°时，斜坡会随着土壤饱和度的增加而逐渐降低，最后出现失稳的可能；当坡度大于 46.60°时，斜坡始终处于不稳定的状态。在 R 型根系的斜坡中，当坡度小于 44.10°时，斜坡始终处于稳定状态，不会随着土壤饱和度的增加而出现失稳；当坡度在 44.10°～66.46°时，斜坡会随着土壤饱和度的增加而逐渐降低，最后出现失稳的可能；当坡度大于 66.46°时，斜坡始终处于不稳定的状态。在 V 型根系的斜坡中，当坡度小于 43.23°时，斜坡始终处于稳定状态，不会随着土壤饱和度的增加而出现失稳；当坡度在 43.23°～61.84°时，斜坡会随着土壤饱和度的增加而逐渐减低，最后出现失稳的可能；当坡度大于 61.84°时，斜坡始终处于不稳定的状态。在 W 型根系的斜坡中，当坡度小于 36.82°时，斜坡始终处于稳定状态，不会随着土壤饱和度的增加而出现失稳；当坡度在 36.82°～45.67°时，斜坡会随着土壤饱和度的增加而逐渐降低，最后出现失稳的可能；当坡度大于 45.67°时，斜坡始终处于不稳定的状态。

6.3.2　不同根系构型下斜坡失稳的降雨阈值

裸坡和 6 种根土复合体在其各自的最小临界坡度条件下的降雨强度与降雨历时曲线如图 6.19 所示。裸坡和每种根土复合体的斜坡都有各自的降雨强度–降雨历时曲线，随降水量的变化和土壤饱和导水率的不同，曲线都被分为了降水量小于土壤饱和导水率和大于土壤饱和导水率两部分。当降雨强度小于土壤饱和导水率时，降雨历时主要与土壤蓄水能力有关。当降雨强度大于土壤饱和导水率时，降雨历时与土壤饱和导水率和土壤蓄水能力有关。

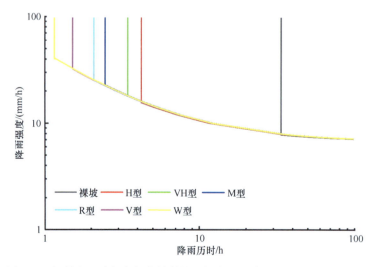

图 6.19　裸坡和 6 种根土复合体斜坡可能失稳的降雨强度–降雨历时曲线

由于 W 型和 V 型根土复合体的渗透性能最好，当降雨强度大于 26.33 mm/h 时，W型根土复合体的斜坡最先出现失稳可能，然后是 V 型根土复合体的斜坡，会在 2 h 内出现失稳的可能。当降雨强度大于 19.91 mm/h 时，R 型和 M 型根土复合体的斜坡将也会在 3 h 内出现失稳的可能。当降雨强度达到 14.25 mm/h 时，H 型根土复合体和 VH 型根土复合体斜坡可能会在 5 h 之内出现失稳。裸坡由于坡度较缓和土壤中没有根系的促渗作用，渗透性能较差，30 h 之内不会出现失稳的可能，当降雨强度为 7.8 mm/h 以上时，裸坡出现失稳的可能需要将近 33.7 h 的持续降雨，当降雨强度小于 7.8 mm/h 或者更小时，斜坡出现失稳可能需要更长的时间或者不会失稳。

6.3.3　讨论与小结

1. 讨论

根系形态是影响土壤抗剪强度和入渗性能的重要影响因素，一方面，土壤中生长的植物根系对土体抗剪强度有明显的加强作用，有利于斜坡的稳定，另一方面，植物根系能够改善土壤的入渗性能，降雨条件下不利于斜坡的稳定。这样就存在一个主要的争议，植物根系与边坡安全系数到底是正相关、负相关还是不相关。降雨诱发滑坡的阈值根据土壤性质的变化而变化，如土壤的渗透性、强度等。这就需要综合考虑根系存在对土壤抗剪强度和入渗性能对斜坡稳定性和降雨阈值的影响。

植物根系增加边坡稳定性主要是由于细根的黏聚力和粗根的锚固作用。在本研究中，植物根系可以使斜坡的最小临界坡度增加 6.67°~20.19°。植物根系的存在会使不安全边坡达到安全状态。植物的根系可以通过土体锚固到基岩的裂缝中，可以穿过薄弱地带进入更稳定的土壤中，并且可以在薄弱的土壤中提供类似纤维的连接作用。当降雨强度大于 14.25 mm/h 时，所有的根土复合体斜坡均会在 5 h 之内出现失稳的可能。当降雨强度大于 26.33 mm/h 时，W 型和 V 型根土复合体斜坡会在 2 h 之内出现失稳的可能。没有植被的边坡虽然降雨阈值较大，但会产生大量地表径流，造成严重的水土流失。一般来说，短时间、高强度降雨事件主要引发浅层滑坡和泥石流，而长时间、低强度降雨事件则产生更大、更深的泥石流和滑坡。当降雨持续时间长、强度低时，降雨会缓慢渗透到深层土壤中。当降雨历时短、强度大时，降雨强度超过入渗速率，诱发大量雨水滞留在浅层土壤中，甚至产生地表径流和浅层滑坡。根据稳定性分析结果和强度–持续时间阈值，可以得出 R 型根系和 V 型根系对边坡稳定最有效，其次是 M 型根系、W 型根系和 VH 型根系，H 型根系影响较小。在造林过程中，H 型根系只适合在缓坡地区种植，而在陡坡地区只适合种植 V 型根系和 R 型根系。

2. 小结

本章通过无限斜坡模型和 *I–D* 曲线，得到了裸坡和各种根土复合体斜坡的临界坡度以及最小临界坡度下的降雨阈值，结果如下：

（1）根据无限边坡稳定性分析可知，裸坡和不同根土复合体斜坡的临界坡度分别为 23.91°~29.49°、30.58°~37.32°、34.65°~42.68°、37.51°~46.60°、44.10°~66.46°、43.23°~61.84°、36.82°~45.67°。随着临界坡度的增加，斜坡临界坡度的范围也随之增加。与没有植物根系存在的裸坡相比，植物根系的存在显著提高了斜坡的最小临界坡度 6.67°~

20.19°。H 型根系的植物只适合在缓坡地区种植，而在陡坡地区只适合种植 V 型根系和 R 型根系的植物。

（2）根系在增加斜坡临界坡度的同时，也缩短了斜坡各自最小临界坡度出现失稳的降雨历时，当降雨强度大于 14.25 mm/h 时，所有的根土复合体斜坡均会在 5 h 之内出现失稳的可能。当降雨强度大于 26.33 mm/h 时，W 型和 V 型根土复合体斜坡会在 2 h 之内出现失稳的可能。而裸坡由于坡度较缓和土壤中没有根系的促渗作用，渗透性能较差，30 h 之内不会出现失稳的可能。

第7章 林分类型对斜坡稳定性的影响

7.1 典型林分斜坡安全系数分量

从无限斜坡的计算公式来看，可以把斜坡安全系数分为土壤有效内摩擦角贡献的斜坡安全系数、土壤有效黏聚力贡献的斜坡安全系数、植物根系贡献的斜坡安全系数、吸应力贡献的斜坡安全系数 4 个部分。以 45°的坡体为研究对象计算坡体安全系数时，各个影响因素对斜坡安全系数的贡献见表 7.1。

4 种典型林分中不同土层有效内摩擦角贡献的斜坡安全系数在 0.26~0.60，针阔混交林和常绿阔叶林中有效内摩擦角贡献的斜坡安全系数呈先减后增的趋势，毛竹林和灌木林中有效内摩擦角贡献的斜坡安全系数呈先增后减的趋势，这主要与不同土层中有效内摩擦角大小的变化有关。

4 种典型林分中不同土层中有效黏聚力贡献的斜坡安全系数在 0.07~1.75，针阔混交林中有效黏聚力贡献的斜坡安全系数随土层深度的增加而减小，主要原因是随着土层深度的增加土壤所受到的重力荷载增加导致下滑力增加；常绿阔叶林中有效黏聚力贡献的斜坡安全系数随土层深度的增加呈先增后减的趋势，主要是因为常绿阔叶林 20~30 cm 深度土壤的有效黏聚力明显高于其他土壤深度的土壤有效黏聚力；毛竹林和灌木林中有效黏聚力贡献的斜坡安全系数均呈先减后增的趋势，出现减小的原因是随着土层深度的增加下滑力增加，最后增加的原因主要是这两个林分地 70~100 cm 深度土壤的有效黏聚力明显大于其他土壤深度的土壤有效黏聚力。

4 种典型林分中不同土层中植物根系产生的附加黏聚力对斜坡安全系数的贡献与根系数量的分布大致相同，针阔混交林中根系分布在 0~70 cm 深度的土壤中，但是由于根系数量较少，根系产生的附加黏聚力对斜坡安全系数的贡献相对较小，在 0.39~0.80，70~100 cm 深度的土壤中没有根系分布，所以根系对斜坡安全系数的贡献为 0。常绿阔叶林的根系在 0~100 cm 土壤均有分布，表层土壤根系分布较多，对斜坡安全系数的贡献为 3.68~4.18，其他深度的土壤中根系分布较少，根系对斜坡安全系数的贡献在 0.17~1.06。毛竹林的根系在 0~100 cm 深度的土壤中均有大量分布，根系对斜坡安全系数的贡献相对较大，在 0.39~4.21，由于下滑力的作用，随土壤深度的增加而不断减小。灌木林的根系分布较浅，0~20 cm 深度的土壤中根系分布较多，根系贡献的斜坡安全系数在 3.44~4.24，20~40 cm 深度的土壤中根系分布较少，贡献的斜坡安全系数仅为 0.76~0.90，40~100 cm 深度的土壤中均没有根系分布，所有根系贡献的斜坡安全系数均为 0。

4 种典型林分中不同土壤深度的吸应力对斜坡安全系数的贡献主要与土壤含水量和土–水特征曲线有关。针阔混交林、常绿阔叶林和毛竹林中吸应力对斜坡安全系数的贡献随土层深度的增加呈现减小的趋势，其中针阔混交林和常绿阔叶林中 0~20 cm 深度土壤的吸应力贡献的斜坡安全系数较大，最大时可以达到 20 以上，明显大于毛竹林 0～20 cm 深度土壤中吸应力贡献的斜坡安全系数，随着土层深度的增加差距逐渐减小，造成这个现象的原因，一方面是毛竹林土壤的含水量高于针阔混交林和常绿阔叶林土壤的含水量，另一方面是当土壤含水量开始降低时针阔混交林和常绿阔叶林土壤（除 40～70 cm 土壤外）的基质吸力先开始快速增长。灌木林中 0～20 cm 深度土壤的吸应力对斜坡安全系数贡献最大，除 40～70 cm 深度的土壤外吸应力对坡体安全系数的贡献随土层深度的增加呈减小的趋势，40～70 cm 深度的土壤吸应力对斜坡安全系数贡献高于其他深度的土壤，是因为在这层土壤的土–水特征曲线中，随土壤含水量的减小基质吸力首先开始快速增长。

此外由表 7.1 可知，除了以上 4 个影响因素对斜坡安全系数有影响外，随土层深度的增加，斜坡的安全系数也会急剧下降，土层深度的增加主要导致土壤的自重应力增加，使坡体的下滑力加大，从而导致安全系数减小。由此可见，土层深度的变化也是影响斜坡安全系数的重要因素。

表 7.1 各个影响因素对斜坡安全系数的贡献

林分类型	土层深度/cm	土壤有效内摩擦角贡献的斜坡安全系数	土壤有效黏聚力贡献的斜坡安全系数	植物根系贡献的斜坡安全系数	吸应力贡献的斜坡安全系数	斜坡安全系数 F_s
针阔混交林	0～20	0.44～0.47	1.09～1.33	0.52～0.76	0.00～35.04	2.05～37.60
	20～40	0.34～0.37	1.09～1.23	0.39～0.63	0.00～12.84	2.06～14.82
	40～70	0.37～0.41	0.60～0.66	0.60～0.80	0.00～3.88	1.57～5.76
	70～100	0.42～0.44	0.24～0.28	0.00	0.00～0.70	0.66～1.42
常绿阔叶林	0～20	0.45～0.51	1.25～1.52	3.68～4.18	0.00～32.61	5.10～38.82
	20～40	0.36～0.39	1.63～1.75	0.70～1.06	0.00～5.62	2.69～8.82
	40～70	0.42～0.47	0.32～0.37	0.17～0.29	0.00～4.79	0.91～5.92
	70～100	0.42～0.50	0.04～0.07	0.21～0.28	0.00～0.66	0.67～1.51
毛竹林	0～20	0.46～0.55	0.86～1.06	3.95～4.21	0.94～3.48	6.21～9.31
	20～40	0.50～0.60	0.56～0.65	1.60～1.87	0.77～1.05	3.42～4.15
	40～70	0.41～0.54	0.49～0.54	0.61～0.74	0.42～0.55	1.94～2.37
	70～100	0.26～0.38	0.48～0.52	0.39～0.46	0.23～0.41	1.41～1.78
灌木林	0～20	0.38～0.44	1.03～1.32	3.44～4.24	1.23～139.43	6.08～145.42
	20～40	0.45～0.49	0.63～0.81	0.76～0.90	0.64～10.46	2.53～12.62
	40～70	0.54～0.55	0.39～0.49	0.00	2.69～22.04	3.66～23.04
	70～100	0.36～0.40	0.54～0.56	0.00	0.15～2.11	1.10～3.07

4 种典型林分内各个影响因素在不同土层深度下斜坡安全系数的贡献百分比如图 7.1 所示。在针阔混交林的各层土壤中，吸应力对斜坡安全系数的贡献百分比最大，0～20 cm 深度的土壤吸应力对斜坡安全系数的贡献百分比最大高达 83%，其余各土层均在 42% 以上；植物根系对斜坡安全系数的贡献百分比只在 0～70 cm 深度的土层中分布，随土层深度的增加而增加，其范围在 5%～24%；土壤有效内摩擦角和土壤有效黏聚力对斜坡安全系数的贡献均随着土层深度的增加而增加，其范围分别为 3%～33% 和 9%～21%。

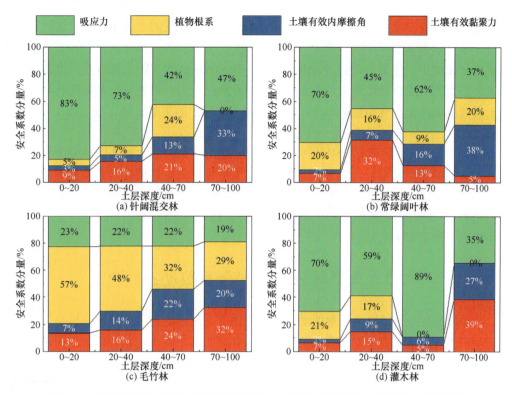

图 7.1　4 种典型林分内各个影响因素在不同土层深度下斜坡安全系数的贡献百分比
图中个别数据因数值修约略有误差

在常绿阔叶林的各层土壤中,吸应力同样是对斜坡安全系数的贡献百分比最大,0～20 cm 深度的土壤吸应力对斜坡安全系数的贡献百分比最大高达 70%,其余各土层均在 37%以上;植物根系对斜坡安全系数的贡献百分比在 9%～20%,随土层深度的增加,植物根系对斜坡安全系数的贡献百分比先减小后增加,在 0～20 cm 深度的土壤中,植物根系对斜坡安全系数的贡献百分比与 70～100 cm 深度的最大,均为 20%;土壤有效内摩擦角对斜坡安全系数的贡献百分比随土层深度的增加而增加,其范围在 2%～38%;土壤有效黏聚力对斜坡安全系数的贡献百分比随土层深度的增加先增大后减小,20～40 cm 深度的土壤有效黏聚力对斜坡安全系数的贡献百分比最大,达到了 32%,70～100 cm 深度的最小,仅为 5%。

毛竹林是 4 种林分类型内唯一一个植物根系对斜坡安全系数贡献百分比最大的林分,其范围在 29%～57%,且随着土层深度的增加,对斜坡安全系数的贡献百分比逐渐减小;吸应力对斜坡安全系数的贡献百分比随土层深度的增加而减小,但是减小幅度很小,仅从 23%减小到 19%;土壤有效内摩擦角对斜坡安全系数的贡献百分比随土壤深度的增加先增加后减小,40～70 cm 深度的土壤有效内摩擦角对斜坡安全系数的贡献百分比最大,为 22%,0～20 cm 深度的最小,为 7%;土壤有效黏聚力对斜坡安全系数的贡献百分比随土层深度的增加而增加,其范围在 13%～32%。

与针阔混交林和常绿阔叶林相同,在灌木林中吸应力同样是对斜坡安全系数的贡献百分比最大的一项,从浅到深各土层中的贡献百分比分别为 70%、59%、89%和 35%;

植物根系对斜坡安全系数的贡献百分比仅在 0～40 cm 深度的土壤中存在，这两层的贡献百分比分别为 21%和 17%；在 0～70 cm 深度的土壤有效内摩擦角对斜坡安全系数的贡献百分比较小，分别为 2%、9%和 6%，在 70～100 cm 深度的土壤有效内摩擦角对斜坡安全系数的贡献百分比最大，为 27%；土壤有效黏聚力对斜坡安全系数的贡献百分比随土层深度的变化没有明显的规律，从浅到深各土层中的贡献百分比分别为 7%、15%、5%和 39%。

综合来看，4 种典型林分中针阔混交林、常绿阔叶林和灌木林 3 个林分中吸应力对斜坡安全系数的贡献百分比最大，只有毛竹林中植物根系对斜坡安全系数的贡献百分比最大。随着土层深度的增加，吸应力和植物根系对斜坡安全系数的贡献百分比大体呈减小的趋势，土壤有效内摩擦角和土壤有效黏聚力对斜坡安全系数的贡献百分比随土壤深度的增加大体呈增大的趋势。

7.2 典型林分斜坡安全系数动态变化

4 种典型林分斜坡安全系数的动态变化如图 7.2 所示。为了更好地分析斜坡安全系数的动态变化，根据斜坡安全系数的波动情况和是否会出现失稳的可能，将两年的时间分为 8 个阶段，各个阶段的时间范围和斜坡安全系数的描述如表 7.2 所示。阶段 1 的时间从 2016 年 8 月 1 日～2016 年 9 月 30 日，在这个时间段内斜坡安全系数波动较大，会出现高温造成的安全系数峰值，其中灌木林的安全波动最大，安全系数的峰值也最大，达到了 3 以上；其他 3 种林分的斜坡安全系数的波动相对较小，峰值从大到小依次为毛竹林、针阔混交林和常绿阔叶林。阶段 2 的时间从 2016 年 10 月 1 日～2017 年 3 月 31 日，在这个时间段内安全系数相对稳定，斜坡安全系数最大的为毛竹林，安全系数的范围在 1.5～1.6；其他 3 种林分斜坡安全系数范围在 1.0～1.5，从大到小依次是灌木林、针阔混交林和常绿阔叶林。阶段 3 的时间从 2017 年 4 月 1 日～2017 年 6 月 30 日，在这一时间段内毛竹林的斜坡安全系数最大，波动最小，在 0.9～1.1 波动；其他 3 种林分的斜坡安全系数的波动程度介于阶段 1 和阶段 2 之间，经常会出现由降雨造成的斜坡安全系数降低，当遇到强降雨时斜坡会出现失稳的可能。阶段 4 和阶段 8 的斜坡安全系数的变化情况与阶段 1 的情况相似，阶段 5 和阶段 7 的斜坡安全系数的变化情况与阶段 3 情况相似，阶段 6 的斜坡安全系数的变化情况与阶段 2 相似，斜坡安全系数的这种重复性变化体现了季节性变化规律，由于第二年的降水量明显多于第一年，也造成了在大趋势相同的情况下，第二年安全系数的波动明显大于第一年。

此外，阶段 3、阶段 5、阶段 7 都出现安全系数小于 1 的情况，这几次都对应着强降雨的出现。在针阔混交林中，2017 年 5 月 22 日，由于前两日降水量分别为 12 mm 和 85.6 mm，当日降水量为 28 mm，出现了斜坡安全系数小于 1.0 的情况；2017 年 6 月 9 日、9 月 9 日和 2018 年 4 月 13 日的降水量分别为 62.8 mm、70 mm 和 103.4 mm，同样也出现了安全系数小于 1 的情况。在常绿阔叶林，2017 年 6 月 9 日和 2018 年 4 月 13 日也出现了斜坡安全系数小于 1 的情况。此外，气温的变化也会对安全系数造成一定的影响，在低温的时段里，土壤蒸发和植物的蒸腾作用较小，也处在研究区的旱季，安全系数处于一个相对稳定的阶段；在高温的时段里，土壤蒸发和植物的蒸腾作用较为活跃，再加上降水量的减少，土壤含水量降低，出现了安全系数的峰值。

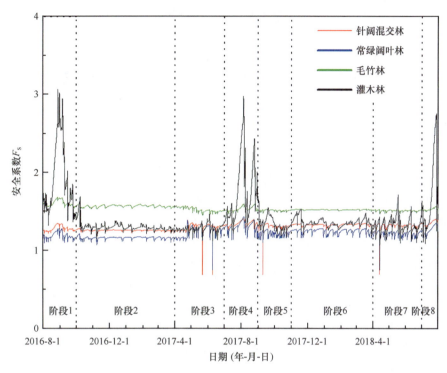

图 7.2　4 种典型林分斜坡安全系数的动态变化

表 7.2　各个阶段的时间范围与安全系数描述

阶段编号	时间范围（年-月-日）	安全系数
1	2016-8-1～2016-9-30	安全系数波动大、会出现高温造成的安全系数峰值
2	2016-10-1～2017-3-31	安全系相对稳定
3	2017-4-1～2017-6-30	安全系数波动小，大的降雨量可能出现斜坡失稳
4	2017-7-1～2017-8-31	安全系数波动大、会出现高温造成的安全系数峰值
5	2017-9-1～2017-10-30	安全系数波动小，大的降雨量可能出现斜坡失稳
6	2017-11-1～2018-3-31	安全系数相对稳定
7	2018-4-1～2018-6-30	安全系数波动小，大的降雨量可能出现斜坡失稳
8	2018-7-1～2018-7-31	安全系数波动大、会出现高温造成的安全系数峰值

　　从 4 种典型林分安全系数的动态变化来看，针阔混交林和常绿阔叶林的斜坡安全系数虽然波动幅度较小，但是安全系数的数值却是最小的，而且在遇到强降雨的情况时斜坡会出现失稳的可能。灌木林的斜坡安全系数的波动最大，容易受降雨和气温等气候因素的影响，虽然在阶段 1、阶段 4 和阶段 8 的斜坡安全系数的峰值最大，但是在其他阶段斜坡安全系数并非最大的。而毛竹林斜坡安全系数全年都比较稳定，对气候变化的抵抗性最好，而且各阶段的安全系数也都比较大，没有出现失稳的可能。综上来看，毛竹林是当地固土护坡效果最好的林分。

7.3 讨论与小结

7.3.1 讨 论

众所周知，冠层截留能力、凋落物吸收、根土复合体的地形和渗透性共同影响着坡面水文。这些过程对林分边坡的稳定性有很大的影响。特别是在陡坡条件下，适当的植被对于森林管理和浅层滑坡缓解至关重要，而很少有文献讨论这个问题。在根系测量、土壤湿度监测和气候记录的支持下，对不同森林类型的陡坡稳定性进行了定量分析。

1. 斜坡安全系数的影响因素

植被对边坡稳定性的影响可分为水文效应和力学效应。植被的水文效应主要指植被的林冠和凋落物等对降雨的截流和再分配，影响土壤入渗速率和植物根系吸收水分。在解决植被对边坡稳定性的影响方面，近几十年来的一个主要研究焦点是机械效应和水文效应对边坡稳定性的影响比例。本研究发现在针阔混交林、常绿阔叶林和灌木林中，植被的水文效应大于力学效应，毛竹林中则为力学效应大于水文效应。

针阔混交林、常绿阔叶林和灌木林的吸应力的贡献比例分别为 42%～83%、37%～70% 和 35%～89%。除毛竹林外，吸应力的贡献百分比都超过 35%。因此，斜坡安全系数的差异可能主要是由吸应力引起的。Simon 和 Collison（2002）发现，水文效应在稳定斜坡方面同样重要，但其贡献很少被提及。Kim 等（2017）证明老挝、哥斯达黎加和法国的木本和草本植被由于吸应力的差异，斜坡安全系数的差异比例分别为 86%、68% 和 50%，这说明植被的水文效应起着相对重要的作用。毛竹林中各土层根系对安全系数的贡献在 29%～57%，可能是因为毛竹林中根系数量多，而且存在不少直径 6 mm 以上的粗根。

2. 斜坡安全系数的动态变化

斜坡稳定性的动态变化与降水和温度等条件有关。在阶段 1、阶段 4 和阶段 8，气温升高和降水减少可能导致土壤含水量低于其他阶段，使得该 3 个阶段的斜坡安全系数波动较强，并有峰值出现。在阶段 2 和阶段 6 安全系数比较稳定，相对较小。在阶段 3、阶段 5 和阶段 7，针阔混交林和常绿阔叶林地会出现失稳的可能。根据斜坡安全系数的波动和大小，以及给定降水量下的土壤湿度变化率，我们认为毛竹林可能是研究区边坡稳定的适宜树种。Kim 等（2017）研究也指出，常绿叶面覆盖和根深的森林在稳定陡坡和缓冲气候变化的不稳定效应方面具有优势。

7.3.2 小 结

本章通过无限斜坡模型得出了植物根系、吸应力和土壤抗剪强度参数对斜坡安全系数的贡献，以及 4 种典型林分斜坡的安全系数的动态变化，结果如下：

（1）4 种典型林分中，针阔混交林、常绿阔叶林和灌木林 3 个林分中吸应力对斜坡安全系数的贡献百分比最大，毛竹林中植物根系对斜坡安全系数的贡献百分比最大。随土层深度的增加，吸应力和植物根系对斜坡安全系数的贡献百分比大体呈减小的趋势，土壤有效内摩擦角和土壤有效黏聚力对斜坡安全系数的贡献百分比随土壤深度的增加大体呈增大的趋势。土层深度的变化也是影响斜坡安全系数的重要因素，随土层深度的增加坡体的安全系数也会急剧下降。

（2）从 4 种典型林分安全系数的动态变化来看，灌木林的安全系数波动最大，抵抗气候变化的能力最小；针阔混交林和常绿阔叶林的斜坡安全系数容易受到降雨的影响，在遇到强降雨的情况时，斜坡会出现失稳的可能，而毛竹林斜坡安全系数全年都比较稳定，对气候变化的抵抗性最好，没有出现失稳的可能。综上来看，毛竹林可能是当地固土护坡效果最好的林分。

第 8 章 含植被坡体稳定性分析

对于含有不同植被的坡体，采用安全系数评价坡体稳定性，由于实际条件下，自然坡体形态以及特征存在很大差异，因此本研究构造了 3 种不同坡体类型在不同坡度条件下的稳定性评价。基于单一植物类型配置、两种植物类型配置以及 3 种植物类型混合配置的方式，评价含有不同植被配置的坡体稳定性。

8.1 含植被坡体的数值模拟研究

COMSOL Multiphysics 是一款在多物理场建模与仿真方面表现很突出的软件，该软件比其他有限元分析软件的强大之处在于，利用附加的功能模块，软件功能可以很容易进行扩展。因此，该软件广泛应用于各个领域的科学研究以及工程计算、模拟科学和工程领域的各种物理过程。本研究通过应用有限元软件 COMSOL 对坡面以及植被进行数值模拟，采用岩土力学模块、水力学模块、结构力学模块等的耦合，模拟含有不同植被覆盖条件的坡体稳定性。

8.1.1 基于数值模拟的坡体模型构建

进行坡体模型构建之前，需要对全局定义通用变量，在本研究中设置的通用变量为入口速度（inlet velocity），定义为 0.1 m/s 和 0.5 m/s。将全局环境系统（unit system）定义为全局系统（global system），坐标系采用空间直角坐标系。模型结构（frame）采用变形构型（deformed configuration），用 COMSOL 自带内核完成模型的几何（geometry）构建，默认的允许误差（default relative repair tolerance）为 1×10^{-6}。利用模型自带的块体（block）以及交集（difference）、合集（union）等操作，完成模型的几何构建（图 8.1）。

坡体模型在 x 轴上沿 z 轴方向固定约束，而沿 x 轴、y 轴方向自由；在 y 轴上沿 x 轴方向固定约束，而沿 y 轴、z 轴方向自由。地面接触沿 x 轴、y 轴、z 轴方向固定约束。构造的基本坡体模型的长、宽、高分别为 35 m、18 m 和 22 m，坡度为 30°。坡体模型中土壤参数的设定，参照表 8.1 利用岩土工程模块进行设定。

1. 模块选择

模型中还添加了流体力学模块的应用，对于流体力学模块的参数设定，需要定义基础参数如表 8.2 所示。

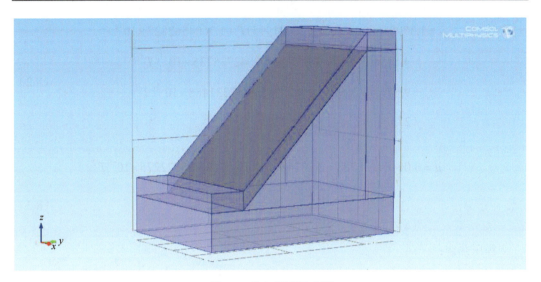

图 8.1　几何模型示意图

表 8.1　土层和坡面基本参数表

参数	土壤容重 $\gamma/$（kN/m³）	土壤黏聚力 c/kPa	土壤内摩擦角 $\phi/$（°）	土壤含水量 $\omega/\%$	坡度 $\beta/$（°）
数值	13.5	15	20	20	30

表 8.2　流体力学模块参数表

名称	单位	计算单元大小
动态黏滞度（dynamic viscosity）	Pa·s	1×1
热容比（ratio of specific heats）	—	1×1
导电性（electrical conductivity）	S/m	3×3
等压热容（heat capacity at constant pressure）	J/（kg·K）	1×1
密度（density）	kg/m³	1×1
导热性（thermal conductivity）	W/（m·K）	3×3
音速（speed of sound）	m/s	1×1

其中，各项参数的具体表达式如下。

密度：

$$\text{rho} = 838.466135 + 1.40050603T - 0.0030112376T^2 + 3.71822313 \times 10^{-7} T^4$$

$$（273.15 < T < 553.75）\tag{8.1}$$

动态黏滞度：

$$\mu = 1.3799566804 - 0.0212240191151T + 1.3604562827 \times 10^{-4} T^2$$
$$- 4.6454090319 \times 10^{-7} T^3 + 8.9042735735 \times 10^{-10} T^4$$
$$- 9.0790692686 \times 10^{-13} T^5 + 3.8457331488 \times 10^{-16} T^6 \qquad (8.2)$$
$$(273.15 < T < 413.15)$$

$$\mu = 0.00401235783 - 2.10746715 \times 10^{-5} T + 3.85772275 \times 10^{-8} T^2$$
$$- 2.39730284 \times 10^{-11} T^3 \qquad (8.3)$$
$$(413.15 \leqslant T < 553.75)$$

等压热容：

$$Cp = 12010.1471 - 80.4072879T + 0.309866854T^2$$
$$- 5.38186884 \times 10^{-4} T^3 + 3.62536437 \times 10^{-7} T^4 \qquad (8.4)$$
$$(273.15 < T < 553.75)$$

导热性：

$$k = -0.869083936 + 0.00894880345T - 1.58366345 \times 10^{-5} T^2$$
$$+ 7.97543259 \times 10^{-9} T^3 \qquad (8.5)$$
$$(273.15 < T < 553.75)$$

音速：

$$c = f(t) \qquad (8.6)$$

式中，t 为时间，s；T 为热力学温度，K。$f(t)$ 变化关系如表 8.3 所示。

表 8.3　$f(t)$ 与 t 的对应关系

t/s	$f(t)$	t/s	$f(t)$
273	1403	323	1552
278	1427	343	1555
283	1481	353	1555
293	1507	363	1550
303	1526	373	1543
313	1541		

1）紊流模型（turbulent model）

对于坡面水流特性的模拟采用紊流流态（图 8.2）。

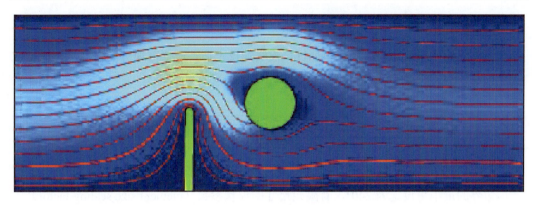

图 8.2　紊流流态模拟

其中，物理模型采用可压缩流（compressible flow），紊流模型为 k-ε，类别为雷诺方程数值模拟，具体参数值见表 8.4。

表 8.4　雷诺方程数值模拟参数

参数	C_{ε_1}	C_{ε_2}	C_{μ}	σ_k	σ_{ε}	k_v	B
数值	1.44	1.92	0.09	1.00	1.30	0.41	5.20

物理模型因变量如表 8.5 所示。

表 8.5　物理模型因变量

因变量	速度场	速度场分量	压力	紊流动能	紊流耗散率	耗散率
符号	u	$u/v/w$	p	k	ep	om
因变量	异质壁距离	修正速度场	修正速度场分量	修正压力	无阻尼紊流运动黏度	
符号	G	uc	ucx/ucy/ucz	pc	nutilde	

2）流体性质

在流体性质模拟中，需要定义的参数有热力学温度（T）、密度（ρ）以及动态黏滞度（μ）。

3）壁

边界条件采用壁面函数（wall functions），壁面与入口和出口相连接。

4）入口

入口的定义中，边界条件采用速度常量，在指定的长度和宽度下，定义速度值。其中紊流强度 IT=0.05，紊流长度 LT=0.07×0.2 m。初始速度 U_0 等同于全局通用变量。

5）出口

出口的定义中，边界条件采用压力常量，抑制回流，初始压力值 p_0=0。

2. 网格化

完成几何模型的建模以及材料属性、模块的设定后，需要对现有的模型进行网格化（mesh），并对流体动力学参数进行校正。网格化尺寸见表8.6。

表8.6 网格化尺寸

参数	最大元素尺寸/m	最小元素尺寸/m	最大元素变化速率	曲率系数	狭窄区域的分辨率
数值	0.184	0.025	1.25	0.8	0.5

边界的最小角设定为240°，有限元尺寸的形状参数（element size scaling factor）为0.35。四面体的迭代次数为4，最大有限元的深度处理为4。对于边界条件的设定，边缘锐化处理方法选择修理（trimming），最大修理角设定为240°，最小修理角则为20°，最大层衰减率为2，边缘的迭代次数为4，最大有限元的深度处理为6。处理后的坡体模型网格化结果如图8.3所示。

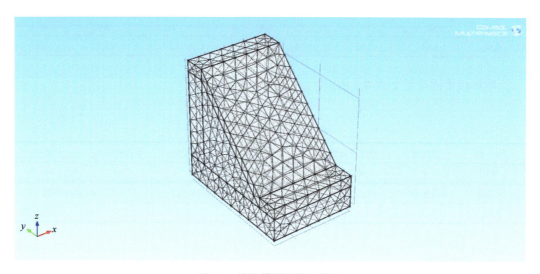

图8.3 坡体模型网格化结果

3. 计算

对于模型的计算，采用静态（stationary）分析，物理模型采用紊流模型，其中的参数设定与材料以及模型选择的设定一致。对于求解器的选择与设定，计算允许的公差为400，系数为1，采用二次分离与迭代，第一次分离变量为速度场和压力场，采用的非线性方法为牛顿常数（Newton constant），阻尼系数为0.5；第二次分离变量为紊流动能和紊流耗散率，同样采用牛顿常数，阻尼系数为0.35。在迭代1中，求解器采用广义最小残差算法（GMRES），因素误差估计设定为20，最大迭代次数200；在迭代2中，同样采用广义最小残差算法，因素误差估计设定为20，最大迭代次数设定400。

4. 输出

模型的输出主要包括速度场的模拟结果（包括各象限内的所有面）、压力场的模拟结果、紊流壁分析结果、流场线等，根据不同需求得到不同的结果与出图效果。

8.1.2　基于数值模拟的植物模型构建

对于植物模型的数值模拟，同样需要对全局定义通用变量，本研究设置的通用变量为入口平均稳定速度（inlet mean velocity at steady state）和管道高度（channel height），分别定义为 5 m/s 和 0.08 m，同时还定义了一个常用变量速度场均值 u_mean（m/s）。对于全局环境系统定义为全局系统，坐标系采用空间直角坐标系。模型结构采用变形构型，采用 COMSOL 自带内核完成模型的几何构建，默认的允许误差为 $1×10^{-6}$。利用模型自带的块体、圆柱体（cylinder）以及交集、合集、阵列（array）等操作，完成模型的几何构建（图 8.4）。植被模型在 x 轴上沿 z 轴方向固定约束，而沿 x 轴、y 轴方向自由；在 y 轴上沿 x 轴方向固定约束，而沿 y 轴、z 轴方向自由，在 z 轴上沿 y 轴方向固定约束，而沿轴 x 轴、z 轴方向自由。对于植被地上部分的模拟，采用点荷载的方法，而对于植被地下部分的模拟采用结构模型的方式。

$$u\_mean = \frac{Ut^2}{\sqrt{t^4 - 0.0035s^2t^2 + 0.0008s^4}} \tag{8.7}$$

式中，U 为速度，m/s；s 为位移，m。

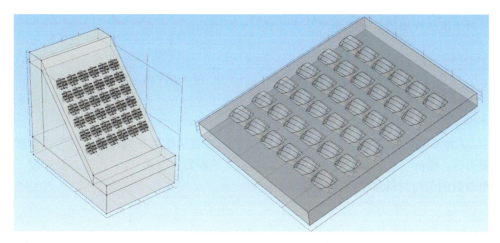

图 8.4　植被几何模型的构建

1. 模块选择

对于植被模型的模拟，根据野外实测数据进行设定，其中材料特性的设定参数见表 8.7。

1）紊流模型

采用流固耦合模型对植被进行数值模拟，物理模型中压缩性（compressibility）选用不可压缩流体（incompressible flow），植被模拟中无紊流模型，结构瞬态行为

（structural transient behavior）选择流动惯性（inertial terms），植被模型的因变量见表 8.8。

表 8.7　植物模型材料特性的设定参数

结构类型	材料密度 rho/（kg/m³）	动态黏滞度 μ/Pa·s	杨氏模量 E/Pa	泊松比 nu	根系密度 /（kg/m³）
R 型	1000	0.001	200000	0.33	7850
V 型	1000	0.001	200000	0.33	7850
VH 型	1000	0.001	200000	0.33	7850
H 型	1000	0.001	200000	0.33	7850
M 型	1000	0.001	200000	0.33	7850

表 8.8　植被模型的因变量

因变量	速度场	速度场分量	压力	紊流功能	紊流耗散率	耗散率
符号	u_{fluid}	u/v/w_fluid	p	k	ep	om
因变量	异质壁距离	修正速度场	修正速度场分量	修正压力	无阻尼紊流运动黏度	位移场分量
符号	G	uc	ucx/ucy/ucz	pc	nutilde	u/v/w_soild

2）流体性质

对于流体性质的定义，全局公式如式（8.8）所示：

$$\begin{cases} \rho\dfrac{\partial u_{\text{fluid}}}{\partial t}+\rho(u_{\text{fluid}}\cdot\nabla)u_{\text{fluid}}=\nabla\cdot\left[-pI+\mu(\nabla u_{\text{fluid}})^{T}\right]+F \\ \rho\nabla\cdot u_{\text{fluid}}=0 \end{cases} \tag{8.8}$$

式中，I 为单位张量，表示各向同性的压力，Pa；F 表示作用在流体上的外力，如重力、电磁力等，N/m³。在流体性质模拟中，需要定义的参数有密度（ρ）和动态黏滞度（μ）。两个参数的值与材料属性定义相同。

3）壁

对于壁的设定，由于四周与其他材料接触，并且没有单独存在的情况，因此其设置与流固接触面性质一致。但需定义的是边界条件的设定，将其设为无滑动（no slip）。

4）入口

对于入口参数的设定，全局公式如式（8.9）所示：

$$u_{\text{fluid}}=-U_{0}n \tag{8.9}$$

其中，边界采用速度变量，$U_0=u\_\text{mean}\times6\times(Z-Y)\times Y/Z^2$，其中 Z、X、Y 分别为空间坐标。

5）出口

出口参数的设定中，边界条件采用压力常量，抑制回流，初始压力值 $p_0=0$。

6）线弹性（linear elastic）模拟

固体模型设定为各向同性（isotropic），并设定杨氏模量和泊松比的关系，各参数值与材料属性设定一致。

7）根系属性

对于根系属性（root properties）的定义，全局公式与流体性质相同，但输入参数随着不同根系结构类型存在差异，不同根系结构类型输入参数见表 8.9。

表 8.9　不同根系结构类型输入参数

结构类型	动态黏滞度（μ）/Pa·s							
R 型	3.87×10^{-3}	9.18×10^{-4}	3.52×10^{-1}	3.83×10^{-3}	3.42×10^{-1}	7.43×10^{-2}	9.25×10^{-1}	3.68×10^{-1}
V 型	1.00×10^{-3}	1.00×10^{-3}	1.00×10^{-3}	1.00×10^{-3}	9.13×10^{-4}	1.02×10^{-1}	1.38×10^{-5}	3.79×10^{-6}
VH 型	8.87×10^{-4}	6.76×10^{-4}	1.04×10^{-3}	7.13×10^{-4}	7.93×10^{-4}	1.28×10^{-3}	4.25×10^{-4}	1.04×10^{-3}
H 型	8.77×10^{-4}	2.96×10^{-2}	2.03×10^{-3}	3.65×10^{-2}	7.14×10^{-3}	7.55×10^{-3}	4.55×10^{-3}	4.60×10^{-3}
M 型	1.00×10^{-3}	1.00×10^{-3}	1.00×10^{-3}	1.00×10^{-3}	7.24×10^{-4}	1.14×10^{-3}	2.54×10^{-4}	7.98×10^{-5}

注：各结构类型对应的 8 个动态黏滞度分别为由外至里的不同网格赋值。

8）其他性质

对于指定网格位移（prescribed mesh displacement）设置为零，对于点荷载的固定约束，定义 $u_{solid}=0$。

2. 网格化

完成几何模型的建模以及材料属性、模块的设定后，需要对现有的模型进行网格化，并对流体动力学参数进行校正。网格化尺寸见表 8.10。

表 8.10　校正后的网格化尺寸

参数	最大元素尺寸/m	最小元素尺寸/m	最大元素变化速率	曲率系数	狭窄区域的分辨率
数值	0.28	0.008	1.13	0.3	1

边界的最小角设定为 240°，有限元尺寸的形状参数为 1×1。自由三角形的迭代次数为 8，最大有限元的深度处理为 8。处理后的植物根系模型网格化结果如图 8.5 所示。

3. 计算

对于模型的计算，采用时间依赖（time dependent）模型，物理模型采用流固耦合模型，时间步调为 range（0，0.005，0.75），range（1，0.25，4），相对公差为 0.0001。其中的参数设定与材料以及模型选择的设定一致。对于求解器的选择与设定，引入空间坐

图 8.5 植物根系模型网格化结果

标、压力场、位移场以及速度场（x 分量、y 分量、压力分量、速度分量以及位移分量），求解器采用向后差分法（BDF）计算时间步调。采用一次直接、一次进阶、一次分离、一次直接的求解采用直接求解器 MUMPS，一次分离变量为空间坐标和位移场，采用的非线性方法为牛顿常数，阻尼系数为 0.7；第二次分离变量为速度场和压力场，同样采用牛顿常数，阻尼系数为 0.7。最后采用直接求解器 PARDISO 完成直接计算，采用的预排序算法（preordering algorithm）为嵌套的解剖多线程（nested dissection multithreaded），旋转微扰（pivoting perturbation）设定为 1×10^{-8}，因素误差估计设定为 400。

4. 输出

模型的输出主要包括随时间变化的速度场的模拟结果（包括各象限内的所有面）、压力场的模拟结果、位移场的分析结果（图 8.6）等，可以根据不同需求得到不同的结果与出图效果。

8.1.3 不同植物根系结构分布的坡面应力分析

1. 根系结构类型模拟结果

数值模拟中关于根系结构的 4 个原则如下：

（1）当某一圆环土层的黏聚力（换算后的黏聚力）大于土壤原始黏聚力的 20%时，则认为该圆环土层外有一层不透水的"墙"；

（2）当某一圆环土层的黏聚力（换算后的黏聚力）小于土壤原始黏聚力时，则认为该圆环土层是可穿透的；

（3）当某一圆环土层的黏聚力（换算后的黏聚力）不在（1）、（2）情况内时，如果出现连续两层该情况，则认为较深的圆环土层外有一层不透水的"墙"；

（4）无论黏聚力的大小如何，始终认为最深的一层圆环土层外存在不透水的"墙"。

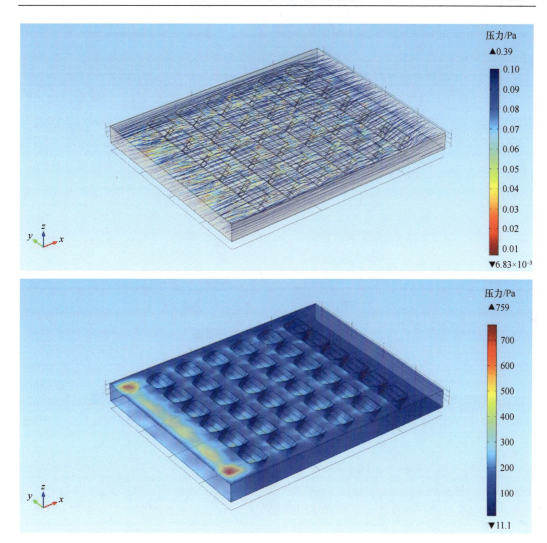

图 8.6　模型输出结果效果图

因此，不同根系结构在模拟流场作用时的"墙"的分布情况如图 8.7 所示，不同的根系结构类型其几何模型间存在很大差异。

2. 不同根系结构分布的表层土壤内压力变化

图 8.8 所示的是不同根系结构条件下，土壤层内沿着坡面方向的压力分布。由坡面向下，压力逐渐减小，压力最大值的大小关系为 VH 型（96.5×10^2 Pa）>H 型（88.8×10^2 Pa）>R型（16.4×10^2 Pa）>V 型（14.7×10^2 Pa）>M 型（5.6×10^2 Pa），压力最大值皆出现在坡上中部。R 型、V 型和 M 型在植物种植点处的压力有明显变化，R 型表现为先减小后增大，而 V 型和 M 型表现为一直减小。H 型和 VH 型不存在这样的规律，表现为压力值随植物行逐渐减小，但是 H 型和 VH 型在上部和下部有压力的变化。

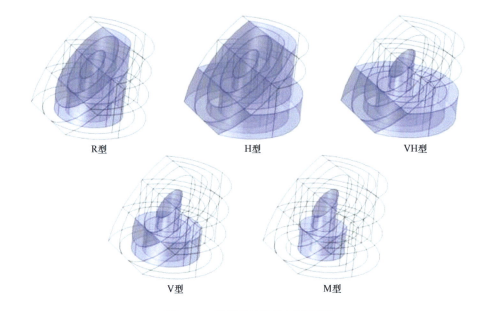

图 8.7 5 种根系结构几何模型图

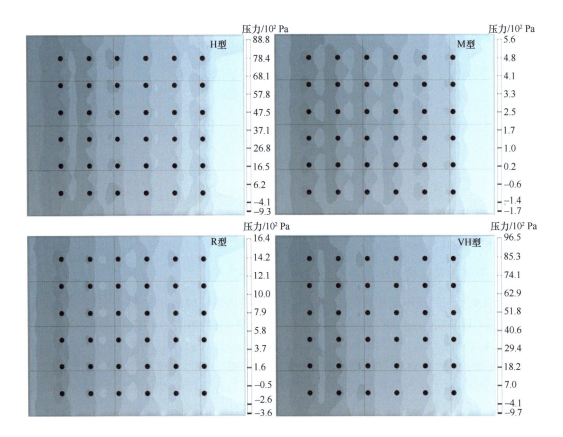

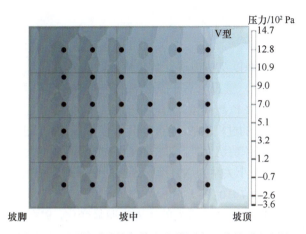

图 8.8　不同根系结构条件下土壤层内沿着坡面方向的压力分布

　　将负的压力值修正后的植物行的平均压力以及压力随坡面的变化情况如表 8.11 所示。H 型和 VH 型沿坡面方向上压力的减小变化规律基本相似，且都表现为减小的幅度逐渐变小，而 M 型在中下坡则出现减小的幅度增加（17.84%）。总的来说，除 M 型外，其他 4 种类型除在第 1 行出现较大的压力滑落外，在接下来的变化中趋于平均。综合压力的变化和压力沿坡面上的有效距离，植物行发挥作用最好的为 VH 型（压力延伸到第 6 行，第 5 行压力剩余百分比最大，为 14.28%），其次为 H 型（12.72%）、R 型（6.37%）。最差的为 V 型和 M 型（压力仅延伸到第五行）。

表 8.11　不同根系结构类型的压力随坡面变化的关系

植物行	H 型			M 型			R 型		
	P 平均	P%减	P%累积	P 平均	P%减	P%累积	P 平均	P%减	P%累积
1	68.71	0.00	100.00	3.42	0.00	100.00	13.05	0.00	100.00
2	47.51	30.86	69.14	1.84	46.33	53.67	8.46	35.17	64.83
3	33.32	20.64	48.50	0.94	26.41	27.26	5.57	22.19	42.65
4	20.41	18.79	29.70	0.61	9.55	17.70	3.20	18.15	24.50
5	8.74	16.98	12.72	0.00	17.84	0.00	0.83	18.13	6.37
6	0.00	12.72	0.00	0.00	0.00	0.00	0.00	6.39	0.00

植物行	VH 型			V 型		
	P 平均	P%减	P%累积	P 平均	P%减	P%累积
1	78.65	0.00	100.00	10.52	0.00	100.00
2	54.56	30.63	69.37	6.09	42.07	57.93
3	39.21	19.51	49.86	3.39	25.67	32.26
4	25.19	17.83	32.03	1.22	20.63	11.63
5	11.23	17.75	14.28	0.00	11.60	0.00
6	0.00	14.28	0.00	0.00	0.00	0.00

　　注："P 平均"为植物行的各个点的压力平均值，Pa；"P%减"为相比于第一行的"P 平均"减少的百分比，%；"P%累积"为累积剩余百分比，%。

8.1.4 小　　结

通过应用 COMSOL 对坡面以及植被进行数值模拟，并采用岩土力学模块、水力学模块、结构力学模块等的耦合，模拟含有不同植被覆盖条件的坡体稳定性。通过应用 COMSOL，模拟了坡体模型以及植被模型，所选用的参数以及尺寸能够很好地模拟含植被坡体，构建坡体以及植被模型的过程清晰，能够被用来模拟其他相似过程。对比含有 5 种不同根系结构的坡面，当受到径流剪切力时，其表面压力的变化存在很大差异，由坡面向下，压力逐渐减小，压力最大值的大小关系为 VH 型（96.5×10^2 Pa）>H 型（88.8×10^2 Pa）>R 型（16.4×10^2 Pa）>V 型（14.7×10^2 Pa）>M 型（5.6×10^2 Pa），压力最大值皆出现在坡上中部。R 型、V 型和 M 型在植物种植点处的压力有明显变化，R 型表现为先减小后增大，而 V 型和 M 型表现为一直减小。H 型和 VH 型不存在这样的规律，表现为压力值随植物行逐渐减小，但是 H 型和 VH 型在上部和下部有压力的变化。

8.2　植物地上部分生长过程模拟

不同植物根系在生长过程中，其地上部分的自重和树高等参数会随着树龄的增加而变化。不同植物种类，其年生物量以及树高的增长是不同的，对于一种植物种类，其树高和冠幅高在一定树龄内达到极大值，之后呈现缓慢增长的趋势。对于灌木植物，地上部分枝条的萌蘖能力强，而植物树高的增长较为缓慢。为了将植被地上部分的变化对坡体稳定的影响考虑到含植被边坡稳定计算中，需要对植物地上部分特征随年际变化规律进行归纳总结，以得到不同植物种类自重以及风荷载随树龄的变化规律。4 种乔木植物地上部分自重和风荷载随树龄的变化规律如图 8.9 所示。

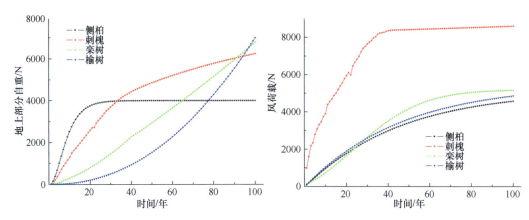

图 8.9　4 种乔木植物地上部分自重和风荷载随树龄的变化规律

对比 4 种乔木植物地上部分自重以及风荷载随树龄的变化规律可知，自重变化在不同树种间的差异很大，其中侧柏地上部分自重在树龄为 20 年左右即停止快速增长，之后增长速度非常缓慢。刺槐地上部分自重的高速增长期发生在树龄 0～35 年，其后增长速度变缓，但较侧柏增长速度大。栾树地上部分自重在 0～100 年表现为均匀增长的趋势，而榆树在 0～100 年表现为高速增长趋势，增长速度由慢到快，在树龄为 50 年左右增长速度开始变化。4 种乔木植物中，榆树和栾树的增长曲线可能与实际不符，可能是由于所选取的生长模型的时间尺度没有达到 100 年，并且当树木树龄达到一定年龄后，植物生长很容易受到环境的影响，因此仅从生长模型考虑，4 种植物地上部分自重最大的为榆树，其次是栾树、刺槐和侧柏。

　　而风荷载受到冠幅高的影响较大，4 种乔木植物地上部分受到风荷载作用的曲线趋势相似，都表现为先快速增加后缓慢增加的趋势。其中，刺槐地上部分受到的风荷载作用最大，并且存在最短时间范围的快速增长期，当树龄在 30 年左右时增长速度趋于缓慢。其他 3 种乔木中，风荷载作用较大的是栾树，其快速增长的范围在 0～50 年，其次是榆树和侧柏，快速增长的拐点都在 40 年左右。总的来说，刺槐地上部分受到的风荷载作用要明显大于其他三种植物，其他 3 种植物地上部分受到的风荷载作用差异不大。

　　而在灌木树种中（图 8.10），由于地上部分自重较小，且不存在乔木根系高大的主茎，因此其冠幅高与株高的比例较大，相比于乔木，其受到的风荷载作用更为强烈。5 种灌木植物地上部分自重的规律基本相似，但地上部分自重的大小存在差异。其中，荆条有着最大的地上部分自重（265 N），其次是胡枝子、酸枣、夹竹桃和紫穗槐。5 种灌木根系地上部分自重的增加都存在一个快速增长期，各灌木树种增长期分别为：荆条 0～18 年、胡枝子 0～15 年、夹竹桃 0～10 年、酸枣 0～10 年和紫穗槐 0～5 年。在生长初期，地上部分自重较大的为酸枣、胡枝子和紫穗槐，但随着树龄的增加，酸枣和紫穗槐自重增长缓慢，而荆条和胡枝子快速增长。夹竹桃的增长速度较慢且年增长量较小，因此表现出较小的地上部分自重。当灌木树种树龄达到 30 年左右时，其地上部分自重变化很小，5 种灌木植物地上部分自重差异明显。

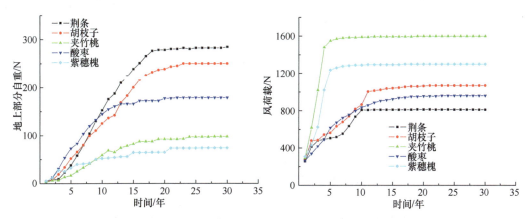

图 8.10　5 种灌木植物地上部分自重和风荷载随树龄的变化规律

　　而由于灌木植物株高较小，因此其受到的风荷载作用要远远小于乔木植物。5 种灌木地上部分受到的风荷载作用在 0～10 年没有明显规律，超过 10 年后则表现为几乎不变的趋势，这是由于 10 年后灌木植物株高基本无增长，因此受到的风荷载作用趋于稳定。在 0~10 年，5 种灌木植物受到风荷载的作用变化较大，其中夹竹桃和紫穗槐在整个生长期(0~30 年)都表现出受到较大的风荷载作用，2 种植物风荷载快速增长期在 0~5 年。其次增长较大的是胡枝子，在第 2 年和第 11 年有一个较大的增加。荆条风荷载的增长出现了 2 个快速增长期，一个是在 0~3 年、一个是在 5~10 年，但其最后趋于稳定的风荷载在 5 种灌木植物中是最小的。而酸枣地上部分受到风荷载作用的变化趋势最为平缓，在 0~12 年都有一个比较好的增长趋势。对比灌木植物地上自重与受到的风荷载与树龄的关系可知，自重大的植物并没有呈现出较大的受到风荷载的作用，反而表现为自重较大的植物受到的风荷载作用较小，如荆条有着最大的地上部分自重，却表现出最小的受到风荷载作用，而夹竹桃虽然地上部分自重较小，但其受到的风荷载作用是 5 种灌木植物中最大的。

8.3　含植被的均质土坡稳定性计算

均质土坡是开发建设项目常见的一种坡体类型，常采用植被和工程措施相结合的手段保障坡体的稳定性，本研究构造的均质土坡参数如表 8.12 和图 8.11 所示。

表 8.12　均质土坡参数

参数	土壤容重/ (kg/m³)	土壤含水量 /%	土壤黏聚力 /kPa	土壤内摩擦 角/(°)	坡长/m	坡高/m	坡宽/m
数值	1350	20	15	20	35	22	18

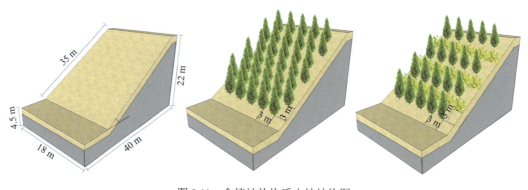

图 8.11　含植被的均质土坡结构图

8.3.1　含单一植物类型坡体

对于含有单一植物类型的坡体稳定性评价，本研究所选取的植物种类为侧柏、刺槐、榆树、栾树、荆条、胡枝子、夹竹桃、酸枣、紫穗槐，植物在坡面上的种植密度为 3 m×3 m，对于均质土坡，每个土坡上共种植单一乔灌 38 株。

1. 乔木坡体稳定性计算

4 种乔木植物在不同坡度条件下，坡体安全系数随树龄的变化趋势如图 8.12 所示。

在不考虑风荷载作用下，4 种乔木植物坡体安全系数都随着树龄的增加呈现不同的变化趋势。除刺槐外，其他 3 种乔木植物坡体安全系数都呈现先快速增加后保持不变，最终缓慢减小的趋势，而刺槐则没有缓慢减小的趋势。对于同一种植物，在不同坡度下坡体安全系数随着树龄的变化趋势是相同的，含有不同植被的坡体安全系数都随着坡度的增加而增加，但是在同一坡度条件下，4 种乔木的坡体安全系数大小关系存在很大差别。

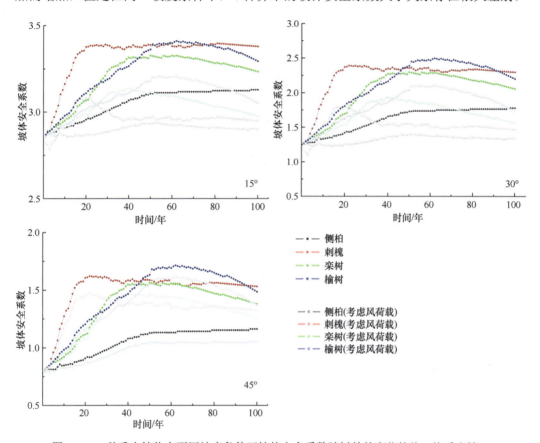

图 8.12　4 种乔木植物在不同坡度条件下坡体安全系数随树龄的变化趋势（均质土坡）

随着坡度的增加，刺槐坡体安全系数相比于其他乔木有所减小，在坡度为 45°时，榆树坡体的安全系数在 40～90 年已经超过了刺槐。侧柏在不同坡度条件下，都表现出最小的坡体安全系数，并且其坡体安全系数随树龄的增长相对平缓，不存在坡体安全系数下降的情况。4 种乔木坡体中，最先达到最大坡体安全系数的植物为刺槐（20 年左右），其次是栾树（30 年左右）、侧柏（40 年左右）和榆树（50 年左右）。坡体安全系数最大值在不同坡度条件下都出现在榆树，分别为 3.41、2.52 和 1.72。

风荷载会减小坡体的稳定性，它受到植被冠幅高以及种植密度的影响。随着坡度的增加，考虑风荷载的坡体安全系数与不考虑风荷载的坡体安全系数差异逐渐缩小。相比于不考虑风荷载作用的坡体安全系数规律，变化最大的是刺槐坡体，其安全系数考虑风荷载作用时，在 20 年以后迅速减小，在 35 年左右时，其坡体安全系数趋于平稳。其他 3 种植物在考虑风荷载作用下，坡体安全系数与不考虑风荷载作用的变化规律相似，仅在生长后期下降速度有所增加，在坡度较小时，树龄在 0～20 年除侧柏外，其他 3 种植物在考虑风荷载作用下的安全系数差异不大。总的来说，在树龄较小时，种植侧柏的坡体能够最先达到一个较高的安全系数，但是其受到风荷载作用影响较大，可以考虑种植在常年无大风的地区。榆树和栾树虽然受到风荷载的作用较侧柏小，但是其在种植 50～60 年后，其坡体安全系数逐渐减小，后期需要配置工程措施来弥补这种作用。侧柏尽管有着最小的安全系数，但是其受到风荷载的影响最小，且在整个生长期，其受到树龄的影响较为平缓，植被对坡体稳定的贡献稳定。

2. 灌木坡体稳定性计算

5 种灌木植物在不同坡度条件下坡体稳定安全系数随树龄的变化趋势如图 8.13 所示。坡体安全系数在不同灌木坡体条件下随着树龄的变化趋势相同，都表现出在前期快速增加而后趋于不变的趋势。但在不同坡度下，不同灌木坡体安全系数的大小存在差异，具体表现为，在 15°条件下，安全系数大小关系为荆条坡体最大（3.12），其次为夹竹桃枣、胡枝子、紫穗槐和酸枣；在 30°和 45°条件下，坡体安全系数大小关系为荆条坡体最大，其次为夹竹桃、紫穗槐、胡枝子和酸枣。所有灌木坡体都在 5～8 年达到最大值，并且在 1～5 年内，5 种灌木的坡体安全系数差异不大。当坡体安全系数不再随树龄产生较大变化时，荆条的安全系数明显大于其他 4 种灌木，而酸枣坡体的安全系数则明显小

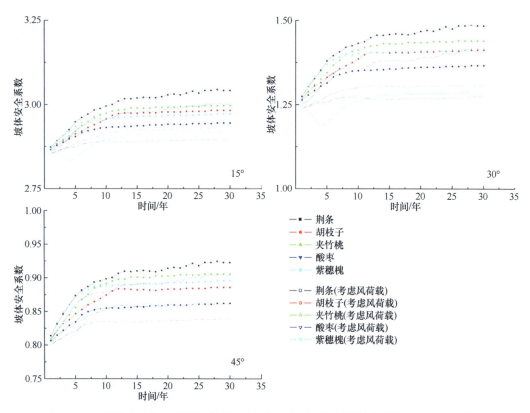

图 8.13　5 种灌木植物在不同坡度条件下坡体安全系数随树龄的变化趋势（均质土坡）

于其他 4 种灌木坡体。

在考虑风荷载作用下，除荆条外，其他 4 种灌木坡体安全系数间的差异不大，荆条在考虑风荷载的作用下，其坡体安全系数明显高于其他 4 种灌木，其值甚至比不考虑风荷载的夹竹桃还要大。并且受到风荷载的影响，荆条坡体的安全系数随着树龄的变化呈现一定波动，具体表现为在 10 年和 25 年左右存在安全系数减小的现象。而受到风荷载作用最明显的为酸枣，其安全系数在 4 年左右急剧下降而后又急剧增加，可能是由于酸枣地上部分生长的速度相比于地下部分生长的速度较其他灌木相差不大。在考虑风荷载作用下，5 种灌木坡体安全系数的差异与不考虑风荷载作用基本相同，都表现为荆条坡体安全系数最大，其次是胡枝子和夹竹桃，而后是紫穗槐和酸枣。综上所述，对于仅含有灌木坡体，荆条表现出最好的固坡作用，酸枣表现出最差的固坡作用，在大风地区，不建议栽植酸枣作为护坡植物。

8.3.2　含两种植物类型坡体

对于含有两种植物类型的坡体稳定性评价，本研究所选取的植物种类为侧柏（$T_{均1}$）、刺槐（$T_{均2}$）、榆树（$T_{均3}$）、栾树（$T_{均4}$）、荆条（$S_{均1}$）、胡枝子（$S_{均2}$）、夹竹桃（$S_{均3}$）、酸枣（$S_{均4}$）、紫穗槐（$S_{均5}$）、狗尾草（$H_{均1}$）、沙打旺（$H_{均2}$）、高羊茅（$H_{均3}$）、紫苜蓿（$H_{均4}$）、白车轴草（$H_{均5}$），植物在坡面上的种植密度为 3 m×3 m，对于均质土坡，每个土坡上共种植混合植物 38 株，草本均匀分布在坡面上。其中，乔灌混合坡体共计 20 种，乔草混合坡体共计 20 种，灌草混合坡体共计 25 种。

1. 乔灌植被混合坡体

20 种不同乔灌混合搭配坡体安全系数随树龄的变化趋势如图 8.14 所示，在同一坡度条件以及不考虑风荷载作用条件下，乔灌坡体安全系数最大值都出现在 $T_{均3}S_{均x}$[①]的 60 年左右，而 $T_{均1}S_{均x}$ 则在不同坡度条件下都表现出最差的坡体稳定性。对于同一种乔木树种而言，在混种灌木后，其对坡体稳定的贡献最大的是荆条，其次是夹竹桃，作用最小的是酸枣。在 0～40 年，不同坡度条件下，乔灌坡体配置最好的为 $T_{均2}S_{均1}$，表现最差的为 $T_{均1}S_{均4}$，而在 40～100 年，乔灌坡体配置最好的为 $T_{均3}S_{均1}$，表现最差的为 $T_{均1}S_{均4}$。相比于单一种植乔木或者灌木的坡体，其安全系数在相同坡度条件下都有所减小，减小的幅度随着坡度的增加而增加。乔灌混合坡体安全系数随树龄的变化趋势与单独种植乔木的变化规律基本一致，而与单独种植灌木不同。在坡度较低时，种植不同灌木对坡体稳定的差异较大，随着坡度的增加，不同灌木的作用减弱，差异变得不明显。在考虑风荷载作用下，刺槐表现出下降的趋势，并且在种植不同灌木后，坡体安全系数有所增加，但增加的幅度有限。同样地，种植不同灌木对坡体稳定的作用差异随着坡度的增加而逐渐变小，但总体差异要比不考虑风荷载时的作用大。

---

① $S_{均x}$ 表示所有灌木。

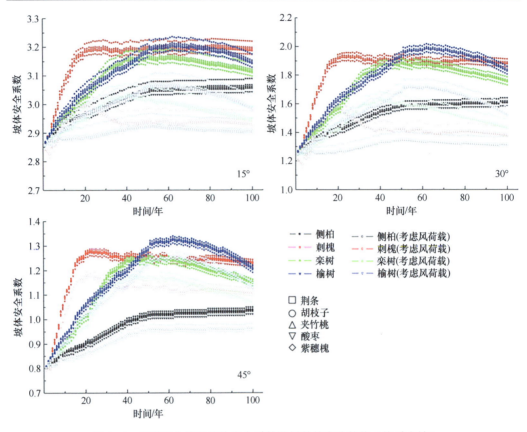

图 8.14　乔灌混合搭配坡体安全系数随树龄的变化趋势（均质土坡）

以 20 年、40 年、60 年和 80 年为例，在植物生长前期，种植刺槐可以有效地提高坡体稳定性；当到达 40 年时，除侧柏外，其他 3 种乔木与灌木混合坡体的安全系数差异不大；当到达 60 年时，榆树和栾树对坡体稳定的贡献增加，表现出较大的坡体安全系数，尽管种植了灌木，但 4 种乔木植物对坡体稳定的作用的差异没有被缩小，这种差异随着坡度的增加而加大；当树龄在 80 年时，仅侧柏和刺槐坡体稳定系数趋于平缓，其他两种乔木则出现下降的趋势。在本研究中，由于对灌木的模拟仅为 0～30 年，因此在 30 年后灌木对坡体稳定的作用不变，仅为一个定值，因此在生长后期，乔灌混合坡体的稳定性表现出与单独种植乔木坡体一样的变化规律。但是在 0～30 年，种植了灌木的坡体依然无法改变乔木树种差异对坡体稳定的影响，只是缩小了差距，可见乔木对坡体稳定的影响较灌木更为强烈。

2. 乔草植被混合坡体

乔草混合坡体的安全系数随树龄的变化规律与单一种植乔木的变化规律相似，由于草本植物生长期较短，因此在考虑其对坡体稳定的影响时仅考虑了地下部分在成熟期对坡体稳定的影响，并且随着树龄的变化，其为一个定值。如图 8.15 所示，在种植草本后，坡体安全系数在不同坡度以及树龄下都有所增加，以 15°坡体为例，在种植草本后，20 种乔草混合坡体的安全系数均匀分布在 2.8～3.5，在低树龄条件下，表现出较好坡体稳

定的组合为 $T_{均2}H_{均x}$[①]，而在 40～100 年，表现出较好坡体稳定的组合为 $T_{均2}H_{均x}$ 和 $T_{均3}H_{均x}$。相比于乔灌混合方式，在不考虑风荷载作用下，其坡体安全系数有所减小。在考虑风荷载作用下发现，种植草本后，乔木坡体受到风荷载的负面作用部分抵消，对于同一种乔木坡体，风荷载对其的影响减小。以刺槐为例，在没有种植草本时，不论种植乔木还是乔灌，刺槐在风荷载作用下，其坡体稳定都急剧减小，但是在种植草本后，这种减小作用变小，在 45°条件下，其减小的幅度仅为 0.2 左右，而后趋于稳定。不同草本植物对坡体稳定的贡献差异随着坡度的增加而减小，对坡体稳定贡献最差的为紫苜蓿和白车轴草，贡献最好的是狗尾草。总的来说，对于乔草混合坡体，其优势在于种植了草本后，乔木坡体在风荷载作用下的安全系数降低有所减少，尽管草本提高坡体稳定的能力有限，但是其在植物生长前期能够较为有效地抵抗风荷载对坡体稳定的负面作用。

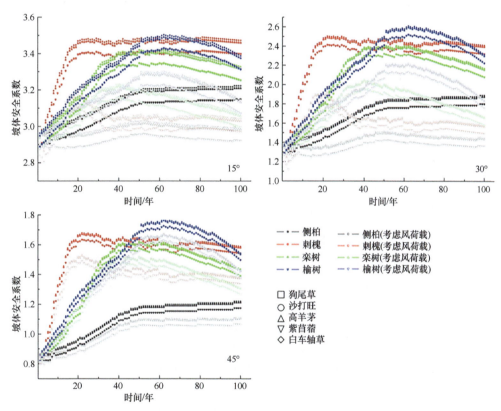

图 8.15 乔草混合搭配坡体安全系数随树龄的变化趋势（均质土坡）

3. 灌草植被混合坡体

不同于乔草坡体，草本对灌木坡体的影响差异较为强烈（图 8.16），不同草本对灌木坡体稳定性贡献不同，其中表现最好的 5 种配置方式为 $S_{均1}H_1$、$S_{均1}H_2$、$S_{均1}H_{均3}$、$S_{均3}H_{均1}$ 和 $S_{均3}H_{均2}$。表现最差的 3 种配置方式为 $S_{均2}H_{均5}$、$S_{均4}H_{均4}$ 和 $S_{均4}H_5$。随着坡度的增加，不同配置方式对坡体稳定的影响差异减小，而在考虑风荷载作用下，

---

① $H_{均x}$ 表示所有草本。

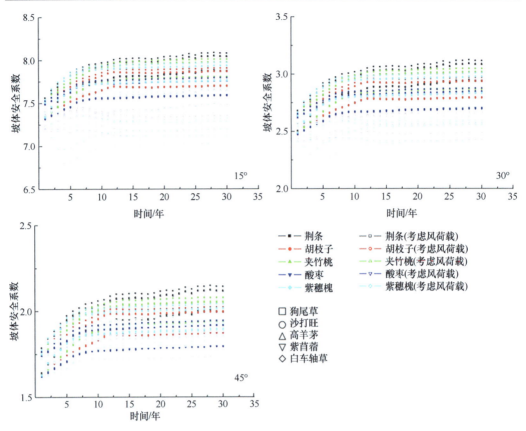

图 8.16　灌草混合搭配坡体安全系数随树龄的变化趋势（均质土坡）

部分配置方式安全系数的大小关系变化明显,如配置 S$_{均3}$H$_{均5}$ 在不考虑风荷载作用时,其坡体安全系数值在中等水平,当考虑风荷载作用后,其安全系数值为下等水平。对于同一种灌木坡体而言,随着坡度的增加,不同草本植物对坡体稳定的贡献差异并没有减小,反而呈现增大的趋势。荆条不论与哪种草本植物混种,都表现出较好的坡体稳定性,在不考虑风荷载作用下,胡枝子坡体也表现出较好的坡体稳定性。而其他 3 种灌木,除部分配置表现出中等水平外,其他都处在下等水平。对于单独种植灌木的坡体,在种植草本后坡体稳定性有整体的增加,并且在 0～5 年快速增长期,种植了不同草本的灌木坡体间的差异明显。总的来说,对于灌草坡体,草本植物的选择在很大程度上影响着灌木对坡体稳定贡献的表达,在本研究中,建议选择荆条和狗尾草或者荆条和沙打旺混种的配置方式配置灌草混合措施,而不建议用紫苜蓿或者白车轴草配置灌木作为植被护坡措施。

8.4　含植被的浅层土坡稳定性计算

浅层土坡指的是坡体表面仅含有一层较薄的土层（土层厚度为 1.5 m）,土层下部为基岩的坡体类型。该坡体类型广泛分布于北京山区,常常采用植被措施保障坡体的稳定性,本研究构造的浅层土坡参数如表 8.13 和图 8.17 所示。

表 8.13　浅层土坡参数

类型	土壤容重/（kg/m³）	土壤含水量/%	土壤黏聚力/kPa	泊松比	弹性模量/MPa	土壤内摩擦角/（°）	坡长/m	坡高/m	坡宽/m
土壤	1350	20	15	0.3	6	20			
基岩	2400	—	500	0.2	2000	55	35	22	18

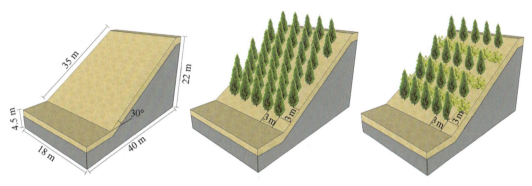

图 8.17　含植被的浅层土坡结构图

8.4.1　含单一植物类型坡体

对于含有单一植物类型的坡体稳定性评价，本研究所选取的植物种类为侧柏、刺槐、榆树、栾树、荆条、胡枝子、夹竹桃、酸枣、紫穗槐，植物在坡面上的种植密度为 3 m×3 m，对于浅层土坡，每个土坡上共种植单一乔灌 38 株。

1. 乔木坡体稳定性计算

对于含乔木的浅层土坡坡体，其坡体安全系数要比均质土坡大，并且其受到坡度的影响更大（图 8.18）。在不考虑风荷载作用下，不同乔木坡体的安全系数随树龄的变化趋势不同，表现为刺槐随树龄的增加，其坡体安全系数有明显的增加，稍有降低后保持不变；栾树和榆树坡体都表现为随着树龄的增加先增加而后减小的趋势；侧柏坡体则表现出先有一段快速增长期，之后进入缓慢增长期。对于同一种植物，树龄和坡体安全系数变化的总体趋势在均质土坡和浅层土坡中表现相似，稍有不同的是在浅层土坡中，不同树龄的乔木对坡体稳定的贡献变化较均质土坡更为强烈，以 15°坡体为例，在均质土坡中，榆树坡体的安全系数在树龄为 60 年左右才超过刺槐坡体，而后在 30°和 45°坡体，其超过的时间段逐渐增加；而在浅层土坡中，其超过的时间段没有随着坡度的增加而增加，而是从 40 年后就已经超过刺槐，一直到 90 年左右。并且榆树坡体安全系数也在不同的坡度内与刺槐坡体相差不大（树龄在 50 年左右）。在不考虑风荷载作用下，坡度对同一种乔木坡体几乎没有影响，其主要是影响了整个坡体的安全系数。

在风荷载作用下，虽然 4 种乔木坡体安全系数随树龄的变化呈现出不同的变化规律，但其总体的变化规律与均质土坡差异较小。刺槐在 20 年左右达到最高安全系数后急剧减小，而后在 40 年左右趋于不变，与均质土坡不同的是，在较小坡度时，刺槐坡体受

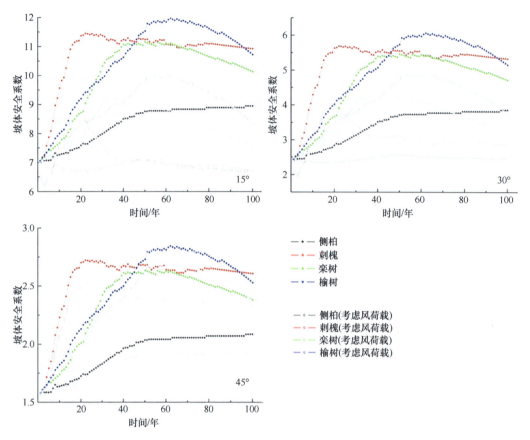

图 8.18　4 种乔木植物在不同坡度条件下坡体安全系数随树龄的变化趋势（浅层土坡）

到风荷载作用的坡体安全系数在 40 年后基本与侧柏坡体相同；但随着坡度的增加，刺槐坡体的安全系数变化较大，在 45°坡体时，0~20 年其安全系数与榆树和栾树坡体相差较小，并且在 20 年后的下降时间段缩短为 10 年。榆树坡体和栾树坡体的大小关系在不同坡度条件下都是一样的，差异不大。总的来说，对于浅层土坡坡体，在坡度较大的条件下，可以考虑种植刺槐，而在坡度较小的条件下，榆树和栾树可以被用到植被护坡中。

2. 灌木坡体稳定性计算

灌木坡体不同于乔木坡体，其地上部分自重较小，而根系发达，因此表现出更为明显的作用。通过对比分析 5 种灌木坡体安全系数随树龄的变化可知（图 8.19），5 种灌木坡体安全系数都随着树龄增加呈现先快速增加而后趋于不变的趋势。荆条有着最为优秀的固坡作用，其安全系数在不同坡度下分别达到了 7.62、2.89 和 1.73，之后是夹竹桃、紫穗槐、胡枝子和酸枣。随着坡度的增加，在不考虑风荷载作用下，不同灌木植物对坡体稳定的影响差异不明显，对于同一植物种类，其在不同坡度条件下对坡体稳定的影响变化规律相同。与均质土坡的灌木坡体安全系数的不同在于，在考虑风荷载作用下，其不同灌木坡体安全系数随树龄的变化差异较大，以 15°坡体为例，将酸枣和紫穗槐列为一组，其他 3 种植物单独一组，4 组植物坡体安全系数随树龄的变化差异很大，变化范围在 0~0.6，当坡度达到 30°时，变化范围则缩小到 0~0.4；当达到 45°时变化范围则缩小到 0~0.1 左右。

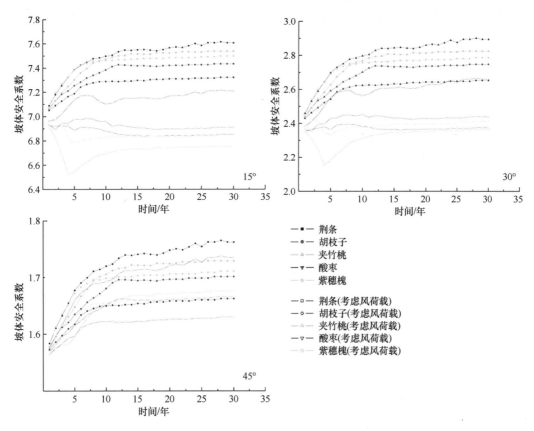

图 8.19　5 种灌木植物在不同坡度条件下坡体安全系数随树龄的变化趋势（浅层土坡）

同时，在考虑风荷载作用下，5 种灌木坡体安全系数间的差异随着坡度的增加而逐渐减小，但相比于均质土坡，其与不考虑风荷载作用的坡体安全系数间的差异更大，但是当坡度达到 45°时，这种差异却比均质土坡小。以荆条为例，在考虑风荷载条件下 45°的均质土坡时，其坡体安全系数接近不考虑风荷载作用的酸枣坡体，而在考虑风荷载条件下 45°的浅层土坡，其安全系数在 25 年后就已经超过了不考虑风荷载作用的酸枣坡体。

总的来说，对于含有基岩的浅层土坡坡体，在坡度较小时，种植不同灌木对坡体稳定的影响差异较大，而当坡度达到一定程度时，风荷载对坡体稳定有一定影响，但影响程度不如低坡度坡体。荆条无论在任何坡度下都表现出较好的坡体稳定性能，建议选取荆条用在浅层土坡坡体边坡防护中。

8.4.2　含两种植物类型坡体

对于含有两种植物类型的坡体稳定性评价,本研究所选取的植物种类为侧柏($T_{浅1}$)、刺槐（$T_{浅2}$）、榆树（$T_{浅3}$）、栾树（$T_{浅4}$）、荆条（$S_{浅1}$）、胡枝子（$S_{浅2}$）、夹竹桃（$S_{浅3}$）、酸枣（$S_{浅4}$）、紫穗槐（$S_{浅5}$）、狗尾草（$H_{浅1}$）、沙打旺（$H_{浅2}$）、高羊茅（$H_{浅3}$）、紫苜蓿（$H_{浅4}$）、白车轴草（$H_{浅5}$），植物在坡面上的种植密度为 3 m×3 m，对于浅层土坡，每个土坡上共种植混合植物 38 株，草本均匀分布在坡面上。其中，乔灌混合坡体共计 20 种，乔草混合坡体共计 20 种，灌草混合坡体共计 25 种。

1. 乔灌植被混合坡体

对于乔灌混合浅层土坡坡体，其坡体安全系数随树龄的变化与均质土坡相似（图 8.20）。对于同一乔木，混种不同灌木对坡体稳定的影响主要体现在提高安全系数上，这种作用仅仅会随着灌木树种的变化而变化，不会随着树龄的变化而变化。与均质土坡不同的是，其随树龄的变化幅度更大，也就是说随着树龄的增加，对于浅层土坡，其受到植被作用的影响更为强烈。同时，在较低坡度条件下，榆树坡体的安全系数在 40 年以后就已经超过了刺槐坡体，随着坡度的增加，超过的范围是不变的。在 0～20 年，受到灌木的影响，同一种乔木混种不同灌木的安全系数差异不大，但其安全系数随着树龄的增加有较快的增长。

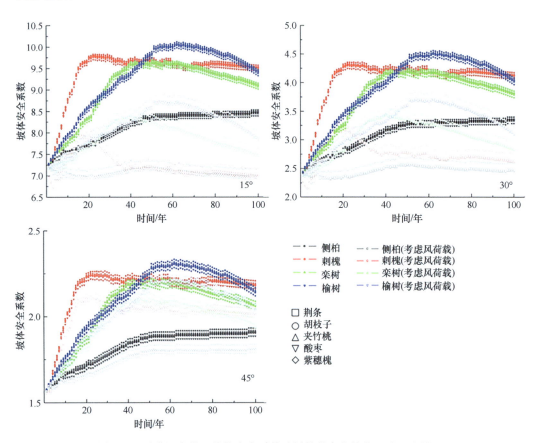

图 8.20　乔灌混合搭配坡体安全系数随树龄的变化趋势（浅层土坡）

在考虑风荷载作用下，不同乔灌混合坡体安全系数随着坡度的增加其变化差异逐渐减小，随着树龄的变化差异要比均质土坡大，也就是说风荷载作用对含有乔灌的浅层土坡坡体稳定性影响较大。随着坡度的增加，刺槐坡体的安全系数增长较快，但相比于单一乔木坡体，其安全系数略有降低。总的来说，在不考虑风荷载作用下，配置较好的两种方式为 $T_{浅2}S_{浅1}$ 和 $T_{浅4}S_{浅1}$，表现最差的是 $T_{浅1}S_{浅4}$；在考虑风荷载作用下，配置较好的两种方式为 $T_{浅4}S_{浅1}$ 和 $T_{浅4}S_{浅3}$，表现最差的是 $T_{浅1}S_{浅4}$。

2. 乔草植被混合坡体

对于乔草混合坡面，由于草本的固坡作用在不同生长期内为定值，因此受到树龄的影响主要是乔木。相比于均质土坡的乔草混合方式，其总体的变化趋势相似，除了安全系数整体存在一个较大的提升外，不同种乔木坡体的大小关系相同。但榆树坡体在 40 年后的安全系数超过了刺槐坡体，这与均质土坡的乔草混合坡体的变化不同。在同种乔木条件下，混种紫苜蓿以及白车轴草的坡体表现出较差的稳定性，并且这种差异随着坡度的增加逐渐增加。相比于单一乔木浅层土坡坡体，其乔木坡体的变化趋势基本相似，仅在同种乔木不同灌木混种的配置方式下存在差异，但也仅仅是在小范围内改变了坡体稳定性。

考虑风荷载的作用下，不同乔木坡体间安全系数的差异随坡度的增加发生不同变化，如图 8.21 所示。其中，刺槐坡体随着坡度的增加，其坡体安全系数与不考虑风荷载的安全系数间的差异逐渐减小，在 45°条件下，0~20 年的安全系数甚至已经超过了除刺槐外的任何一种配置方式。在 40~60 年，榆树坡体的安全系数与不考虑风荷载时的

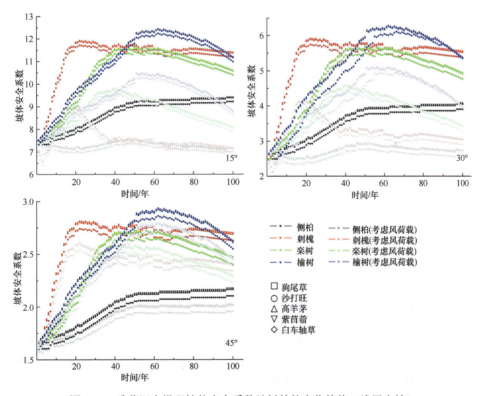

图 8.21　乔草混合搭配坡体安全系数随树龄的变化趋势（浅层土坡）

差异逐渐缩小。总的来说，在不考虑风荷载作用下，配置方式最好的为 $T_{浅2}H_{浅1}$ 和 $T_{浅4}H_{浅1}$，表现最差的是 $T_{浅1}H_{浅4}$ 和 $T_{浅1}H_{浅5}$；在考虑风荷载作用下，配置方式好的为 $T_{浅4}H_{浅1}$ 和 $T_{浅4}H_{浅2}$，表现最差的是 $T_{浅1}H_{浅4}$ 和 $T_{浅1}H_{浅5}$。因此，在基岩边坡栽植乔木时，对于坡度较小的坡体，宜栽植榆树混种狗尾草、沙打旺等草本；对于坡度较大的坡体，宜栽植刺槐混种狗尾草、沙打旺等草本。

3. 灌草植被混合坡体

25 种不同灌草配置的浅层土坡坡体安全系数随树龄的变化趋势如图 8.22 所示，含有不同灌木和草本的配置方式的坡体安全系数存在很大差异，其中在不考虑风荷载作用下，荆条坡体和夹竹桃坡体都表现出较好的稳定性；而酸枣坡体和胡枝子坡体则表现出较差的稳定性。草本对灌木坡体的影响差异也较为强烈，表现为种植狗尾草和沙打旺的灌木坡体表现出较好的稳定性；而种植了白车轴草和紫苜蓿的灌木坡体的稳定性较差。随着坡度的增加，不同灌草配置间的坡体安全系数逐渐增大，但所有配置随树龄变化的趋势不变。

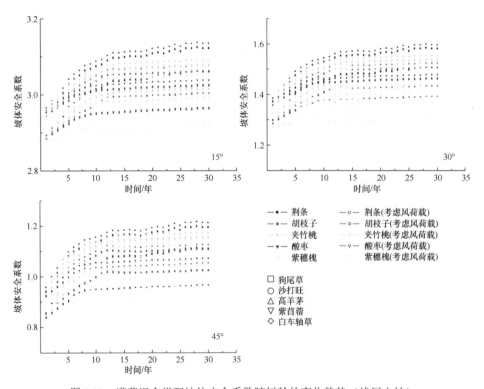

图 8.22 灌草混合搭配坡体安全系数随树龄的变化趋势（浅层土坡）

在考虑风荷载作用后，所有坡体安全系数都小于不考虑风荷载时的安全系数。而随着坡度的增加，含有不同配置的坡体安全系数间的差异逐渐减小，并且这种趋势也体现在不考虑风荷载作用和考虑风荷载作用的相同配置方式上。尽管在考虑风荷载作用后，不同配置方式的大小排序没有明显变化，但含有荆条的坡体在考虑风荷载作用下，其坡体安全系数甚至要比酸枣和紫穗槐等配置条件下不考虑风荷载的安全系数还要大。在坡度较高的条件下，风荷载对坡体的副作用明显小于坡度较低的情况。而当坡度增加时，其考虑风荷载的坡体安全系数逐渐增加，最终达到中等水平。

　　总的来说，对于坡度较低的浅层土坡坡体，灌草配置方式较优的为 $S_{浅1}H_{浅1}$ 和 $S_{浅1}H_{浅2}$，表现最差的是 $S_{浅2}H_{浅5}$ 和 $S_{浅4}H_{浅5}$；对于坡度较高的浅层土坡坡体，灌草配置方式较好的为 $S_{浅4}H_{浅1}$ 和 $S_{浅4}H_{浅2}$，表现最差的是 $S_{浅4}H_{浅4}$ 和 $S_{浅4}H_{浅5}$。对于坡度较低的情况，考虑风荷载的作用不建议栽种夹竹桃；而对于坡度较高的情况，考虑风荷载的作用不建议栽种酸枣。

8.5　含植被的非规则坡面形状边坡稳定性计算

　　非规则坡面形状边坡指的是坡面呈非直线变化的坡体。本研究中模拟了两种非规则坡面：凸形坡面和凹形坡面，两种坡面都是由均质土层构成，其主要参数以及结构如表 8.14 和图 8.23 所示。

表 8.14　非规则坡面形状边坡参数

类型	土壤容重/(kg/m³)	土壤含水量/%	土壤黏聚力/kPa	土壤内摩擦角/(°)	上坡		中坡		下坡		坡宽/m
					坡长/m	坡高/m	坡长/m	坡高/m	坡长/m	坡高/m	
凸形坡	1350	20	15	20	6.36	6.36	7.79	4.50	8.67	2.41	18
凹形坡	1350	20	15	20	8.67	2.41	7.79	4.50	6.36	6.36	

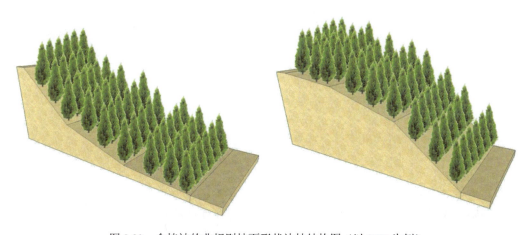

图 8.23　含植被的非规则坡面形状边坡结构图（以 TTT 为例）

　　对于非规则坡面的植被配置，考虑了有无草本植物的前提下，乔木（T）和灌木的（S）多种配置。本研究中共配置了乔木和灌木分布在坡面上的 8 种配置方式（自坡上到坡下分别为 TTT、SSS、TTS、TSS、SST、STT、TST、STS），除此之外，还考虑了有无草本混种以及风荷载作用。乔灌在坡面上种植的密度为 3 m×3 m，乔灌混种共计 51 株。

8.5.1　含两种以上植物类型的凸形坡体

对于凸形坡体，采用 16 种乔灌草配置方式，分析了不同配置方式下坡体稳定性随树龄的变化关系（图 8.24），在不考虑风荷载作用下，16 种配置方式的坡体安全系数都呈现出随着树龄增加先快速增加后趋于稳定的趋势，不同的是到达稳定的时间以及稳定时所保持的安全系数。在无草本坡体中，表现最优的配置方式为 TTT，其次为 STT、TTS 和 TST，表现最差的为 SSS；在有草本植物混种时，也表现出相同的规律。除 SSS 配置外，其他 14 种配置的坡体安全系数都是在树龄 50 年左右达到稳定，而 SSS 则是在树龄为 20 年左右达到稳定。在 0~20 年，SSS 配置下的坡体安全系数要比其他配置条件大，TTT 的配置方式安全系数最小，当树龄超过 20 年，其不同配置的坡体安全系数的大小关系正好相反。在考虑风荷载作用下，草本对坡体稳定的贡献明显。在不含草本的坡体中，安全系数在 0~40 年存在明显的差异，其大小关系与不考虑风荷载情况下的 0~20 年一致，在 40~60 年，则表现为与不考虑风荷载情况下的 60~100 年一致，但过了 60 年后，其大小关系又与不考虑风荷载情况下的 0~20 年一致。在有草本参与的配置中，考虑风荷载的不同配置的坡体安全系数间的大小关系在 0~100 年保持不变，仅在 40~50 年的差距有所缩小，但之后又逐渐增大。

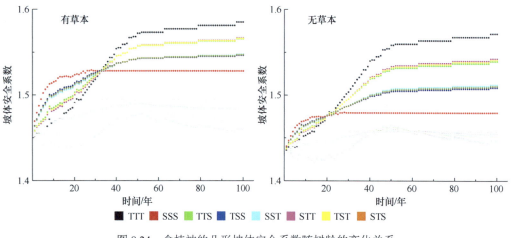

图 8.24　含植被的凸形坡体安全系数随树龄的变化关系

在不考虑风荷载作用下，对比含草本和不含草本的坡体，不同配置条件下坡体安全系数分别在 35 年和 20 年左右相交，草本植物的存在使得灌木坡体表现出较好的坡体稳定性，而后随着树龄的增加，灌木对坡体的稳定作用趋于不变，乔木则更能够提高坡体的稳定性。在考虑风荷载作用下，含有过多乔木的坡体则表现出较差的稳定性，可能是由于乔木承受了更多的风荷载，尽管在 40~50 年安全系数有较大的提高，但之后受到风荷载的影响又急剧减小。草本植物的存在大大地提高了乔木坡体的稳定性，但没有改变其随树龄的变化趋势。总的来说，对于凸形坡面，如果坡面上栽植了较多的灌木，建议配置草本以提高其稳定性，而对于乔木，尽管在不考虑风荷载的作用下其能够有效提高坡体稳定性，但由于其受到风荷载的作用较为明显，建议与灌木混种以提高风荷载作用下的坡体稳定性。

8.5.2　含两种以上植物类型的凹形坡体

凹形坡体在不同的配置方式下整体的安全系数要比凸形坡体高（图 8.25），在无草本坡体中，表现最优的配置方式为 TTT，其次为 STT、TTS 和 TST，表现最差的为 SSS；而在有草本植物混种时，也表现出相同的规律，这与凸形坡体一致。相比于凸形无草本坡体，在 0～20 年，不考虑风荷载作用下的不同配置间的稳定性差异不明显，超过 20 年后则出现较为明显的差异。此外，凹形坡面相比于凸形坡面，各不同配置条件下的坡体安全系数间的差异较小，在种植了草本后，这种差异变得更小。坡体的安全系数在 40 年后无论有无草本其安全系数无差异，草本植物仅在 0～20 年较大地影响了不同配置的坡体稳定性。除此之外，在考虑风荷载作用下，种植了草本的坡体如果存在较多的灌木，其安全系数提升较大；而对于乔木较多的坡体，其安全系数提升能力有限。

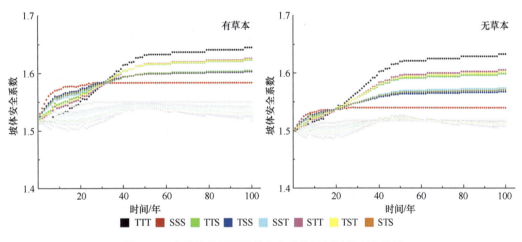

图 8.25　含植被的凹形坡体安全系数随树龄的变化关系

以 SSS 配置为例，在风荷载作用下，无论是否有草本混种，其安全系数随树龄的变化趋于稳定；对于灌木较多的坡体，有草本植物混种的安全系数的变化趋势缓慢，而存在较多乔木的坡体，在过了 50 年后，安全系数出现了下降的趋势。总的来说，不考虑风荷载作用下，在 0～20 年多种植灌木的坡体其稳定性较强；而在 20 年以后，则表现为种植了乔木的坡体稳定性较强。在考虑风荷载作用下，尽管含有较多乔木的坡体安全系数较差，但混种草本可以有效地提高这种配置的坡体稳定性。

8.6　小　　结

本研究构造了 3 种不同坡体类型并在不同坡度条件下对其稳定性进行了评价。考虑单一植物类型配置、两种植物类型配置以及三种植物类型混合配置的方式，评价含有不同植被配置的坡体稳定性。选取的植物为 14 种不同乔灌草，同时考虑了不同生长期的含植被边坡稳定性，结果如下。

（1）对比 4 种乔木植物地上部分自重以及风荷载随树龄的变化规律可知，自重变化在不同树种间的差异很大，其中侧柏地上部分自重在树龄为 20 年左右即停止快速增长，刺槐地上部分自重的高速增长期发生在树龄 0～35 年，4 种植物地上部分自重最大的为榆树，其次是栾树、刺槐和侧柏。对比 5 种灌木植物生长可知，由于灌木植物地上部分自重较小，且不存在乔木根系高大的主茎，因此其冠幅高与株高的比例较大，因此相比于乔木，其受到的风荷载作用更为强烈。

（2）对于含有单一植物的均质土坡，在不考虑风荷载作用下，4 种乔木坡体中，最先达到最大坡体安全系数的植物为刺槐（20 年左右），其次是栾树（30 年左右）、侧柏（40 年左右）和榆树（50 年左右）。坡体安全系数最大值在不同坡度条件下都出现在榆树，分别为 3.41、2.52 和 1.72；5 种灌木坡体中，在 15°条件下，坡体安全系数大小关系为荆条坡体最大（3.12），其次为夹竹桃、胡枝子、紫穗槐和酸枣；在 30°和 45°条件下，坡体安全系数大小关系为荆条坡体最大，其次为夹竹桃、紫穗槐、胡枝子和酸枣。在考虑风荷载作用下，4 种乔木坡体中，在树龄较小时，种植侧柏的坡体能够最先达到一个较高的安全系数，榆树和栾树虽然受到风荷载的作用较侧柏小，但是其在种植 50～60 年后，坡体安全系数逐渐减小；5 种灌木坡体中，坡体间安全系数差异与不考虑风荷载作用时基本相同，都表现为荆条坡体安全系数最大，其次是胡枝子和夹竹桃，而后是紫穗槐和酸枣。

（3）对于含有两种植物类型的均质土坡，风荷载对乔草坡体的影响效果最小，风荷载不仅仅单纯地表现为降低坡体稳定性，对于乔草坡体，对于同一种配置，在风荷载作用下，其坡体安全系数随树龄的变化曲线存在很大差异。对于乔灌搭配方式，其风荷载作用较其他的配置方式明显增强，进而表现出较小的坡体安全系数。

（4）对于含有单一植物的浅层土坡，在不考虑风荷载作用下，4 种乔木坡体中，不同乔木坡体的安全系数随树龄的变化趋势不同，表现为刺槐随树龄的增加，其坡体安全系数有明显的增加，稍有降低后保持不变；栾树和榆树坡体都表现为随着树龄的增加先增加而后减小的趋势；侧柏坡体则表现出先有一段快速增长期，之后进入缓慢增长期；5 种灌木坡体中，坡体安全系数都随着树龄增加呈现先快速增加而后趋于不变的趋势。荆条有着最为明显的固坡作用，其安全系数在不同坡度下分别达到了 7.62、2.89 和 1.73，之后是夹竹桃、紫穗槐、胡枝子和酸枣。在考虑风荷载作用下，4 种乔木坡体中，刺槐在 20 年左右达到最高安全系数后急剧减小，而后在 40 年左右趋于不变，榆树坡体和栾树坡体的大小关系在不同坡度条件下都是一样的，差异不大；5 种灌木坡体中，不同灌木坡体安全系数随树龄的变化差异较大，以 15°坡体为例，将酸枣和紫穗槐列为一组，其他 3 种植物单独一组，4 组植物坡体安全系数随树龄的变化差异很大，变化范围在 0～0.6，当坡度达到 30°时，变化范围则缩小到 0～0.4；当达到 45°时，变化范围则缩小到 0～0.1。

（5）对于含有两种植物类型的浅层土坡，风荷载对乔草坡体的影响效果最小，风荷载不仅仅单纯地表现为降低坡体稳定性，对于乔草坡体，同一种配置，是否有风荷载参与的坡体安全系数随树龄的变化曲线存在很大差异。而对于乔灌搭配方式，其风荷载作用较其他的配置方式明显增强，进而表现出较小的坡体安全系数。

（6）对于含有两种以上植物类型的凸形坡体，在考虑风荷载条件下，在无草本坡体中，表现最优的配置方式为 TTT，其次为 STT、TTS 和 TST，表现最差的为 SSS；而在有草本植物混种时，也表现出相同的规律。在考虑风荷载作用下，草本对坡体稳定的贡献明显。在不含草本的坡体中，安全系数在 0～40 年存在明显的差异，其大小关系与不考虑风荷载情况下的 0～20 年一致，在 40～60 年，则表现为与不考虑风荷载情况下的 60～100 年一致，但过了 60 年后，其大小关系又与不考虑风荷载情况下的 0～20 年一致。而在有草本参与的配置中，考虑风荷载的不同配置的坡体安全系数间的大小关系在 0～100 年保持不变，仅在 40～50 年的差距有所缩小，但之后又逐渐增大。

（7）对于含有两种以上植物类型的凹形坡体，在无草本坡体中，表现最优的配置方式为 TTT，其次为 STT、TTS 和 TST，表现最差的为 SSS；而在有草本植物混种时，也表现出相同的规律。以 SSS 配置为例，在考虑风荷载作用下，无论是否有草本混种，其安全系数随树龄的变化趋于稳定；对于灌木较多的坡体，有草本植物混种的安全系数的变化趋势缓慢，而存在较多乔木的坡体，在过了 50 年后，安全系数出现了下降的趋势，但总的来说，混种草本可以有效地提高这种配置的坡体稳定性。

第9章 植被对斜坡稳定性的影响

植被通过一系列的力学效应和水文效应来提高土体的抗剪强度,已被证明是一种有效的滑坡治理措施。大量学者对植被的力学效应和水文效应都进行了广泛研究,了解和量化植被的力学效应和水文效应可以推动植被固坡的发展,完善和加强现有的植被固坡技术。植被可以通过植物根系机械加固边坡,从而改善边坡稳定性,通过林冠、枯落物、根系等改变土壤水分分布和孔隙水压力、树木的重量增加斜坡的荷载。植被的变化有极大可能改变控制边坡稳定性的水文和地质力学特性,可以增加通过斜坡的稳定性减少土壤侵蚀,还可能通过影响岩屑泥沙搬运在较长的时间尺度上影响陡坡上的侵蚀速率和土壤厚度。

植被的存在能够减缓降雨引起的坡面侵蚀和泥石流,地震过后,随着植被的逐渐恢复,抗侵蚀力逐渐增强,滑坡、山洪和泥石流等灾害明显减少。相反,植被的消失或减少会导致植被的固土护坡能力下降,坡体下滑过程中蠕动速度增加,滑坡、崩塌等灾害发生的频率会增加,直到森林砍伐 10 年后根系的固土能力完全消失。

此外,植被覆盖的不同对斜坡稳定性的作用也不同,与草本植被相比,木本植被覆盖的坡面更稳定,对气候和土壤因子的敏感性更低。随着气候的变化,斜坡的稳定性也会呈现季节性变化,但是植被类型不同,安全系数的动态变化也有所不同。

9.1 植被的水文作用

植被对斜坡稳定性的水文作用可以分为两部分:一部分是在降雨到达地面之前对降雨的再分配作用,包括林冠和枯落物层对降雨的截留作用;另一部分是植物通过其根系对土壤含水量的影响,包括植物蒸腾和生长吸水以及根系对土壤水分迁移的影响等。植被水文作用如图 9.1 所示。

9.1.1 林冠的截留作用

林冠截留是指降水(包括雨、雪、雾、霜等)过程中,部分降水被树木的枝干和树叶截留和蒸发的过程。林冠截留是植被对降雨的第一次再分配,减少和延缓降雨到达地面的雨量和时间,减轻降雨对林分土壤的侵蚀。

距今一百多年前,人们就已经开始了有关林冠截留的研究。研究发现,当林冠比较茂密时,单次降雨的截留量高达 10~20 mm,全年 10%~35%降水量会被林冠截留不能到达地面,部分地区截留百分比可高达 50%。我国的研究数据显示,林冠对降雨的截留量占全年降水量的 15%~45%。不同森林类型对林冠截留量有很大的影响,林冠的叶面积指数越大,截留量越大。

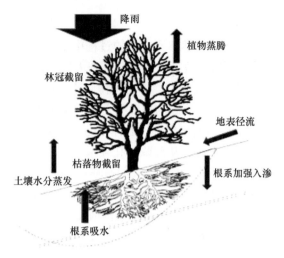

图 9.1　植被水文作用示意图

林冠截留能够有效地降低土壤含水量，使其保持较高的强度。Mcguire 等（2016）对有无林冠截留的坡体在降雨条件下安全系数的动态变化进行研究表明，在相同降雨条件下，林冠截留可以推迟 6～8 h 因降雨引起的坡体安全系数的降低。Richard 和 Douglas（2003）研究表明，在强降雨条件下，林冠截留可以转化为森林冠层下斜坡整体更大的稳定性。Sidle 和 Ziegler（2017）认为在热带次生林季风降雨条件下，林冠截留对缓解浅层滑坡的发生没有什么作用。此外，林冠截留虽然能够拦截到达地面的降雨，但是树干流也会造成地面局部含水量过高，形成高的孔隙水压力。

9.1.2　枯落物截留吸收作用

枯落物层是对降雨的第二次再分配，具有拦截、蓄水、渗透降水，减缓地表径流产生，增加浅层土壤含水量稳定性等作用，从而改变土壤含水量的分布，对边坡的稳定性产生影响。枯落物层对降雨的截留主要取决于枯落物层的储量、分解程度和组成类型等造成的持水量差异。

研究表明，在某些枯落物储量较高的森林中，枯落物层持水量甚至可以达到309.54%，枯落物挟带的水分重量可以达到枯落物本身干重的 2～4 倍。大多数情况下，随着林内雨量的增加，枯落物截留量呈幂函数增加，而且不同植被类型的截留作用各不相同。莫菲等（2009）通过模拟降雨试验，研究枯落物含水量与降雨强度和降雨历时的关系，在此基础上提出了国内首个枯落物截留过程模型。

9.1.3　植物的蒸腾与根系吸水

植物根系能够吸收土壤中的水分，经过植物体运送到叶片，再通过蒸腾作用由叶片上的气孔释放到空气中，这样形成的水分迁移传递过程被称为土壤–植物–大气连续体。土壤中的水分经根系进入植物体内后，大部分通过蒸腾作用散发到植物体外，以此维持植物有机体的各项生理活动。

植被的蒸腾作用在水分从土壤转移到大气的过程中发挥着重要作用，在水循环的过程中，70%的地表降水最终会以蒸散方式重新释放到大气中，在一些极度干旱的地区，超过90%的地表降水会重新回到大气中。植物蒸腾会通过根系吸水改变土壤的含水量，从而影响土壤含水量的分布，蒸腾引起的基质吸力会导致土壤中的水传导性能降低，增加土壤的抗剪强度从而提高坡体的稳定性。Terwilliger（1990）研究表明，暴雨过后植被通过蒸腾可以降低土壤的含水量，从而降低孔隙水压力。

野外调查结果表明，植物蒸腾及其引起的基质吸力受季节变化的影响。Garg 等（2015）研究表明，在干旱季节有根系分布的区域，吸力显著高于裸坡。Pollen-Bankhead 和 Simon（2010）通过敏感性分析表明，在夏季蒸散发引起的土壤基质吸力变化对边坡安全系数 F_s 的潜在效益最大。蒸腾吸水对斜坡稳定性的作用与当地的气候带和季节密切相关，在寒冷、潮湿的环境下蒸腾吸水作用较小，但在热带和亚热带温度较高的气候条件下，这种蒸发蒸腾的作用较大。

此外，植物蒸腾速率与土壤基质吸力之间的关系也会随着植被类型的变化而变化。Rahardjo 等（2014）野外研究表明，降雨 24 h 后，灌木和草本覆盖的斜坡存在着明显的基质吸力，安全系数的下降幅度远低于裸坡。

植物根系吸水是土壤含水量变化的重要原因，能够显著影响表层土壤水分的时空分布。植物根系吸收水分是一个相当复杂的过程，分为主动吸水和被动吸水两种方式，通常由根尖上的根毛区来完成。吸水方式的选择主要与蒸腾作用的强弱有关，当蒸腾作用较强时，土壤水压力大于植物内的水压力，植物被动吸水，这也是植物的主要吸水方式；当蒸腾作用较弱时，土壤水压力小于植物内的水压力，植物需要消耗能量来吸水水分。

9.1.4　根系对入渗的影响

土壤中含水量的分布和变化与植物根系密切相关，降雨条件下根系对土壤水分的影响会改变边坡的力学平衡。植物根系对土壤的入渗性能主要分为两个方面。在物理方面，根系在土壤中的穿插、分割增加土壤裂隙，使土壤空隙增加；在化学方面，根系的存在可以增加土壤有机质含量，提高团聚体的稳定性来改变土壤结构，从而影响土壤入渗性能。根系往往倾向于增加表面的粗糙度，并负责创造土壤大孔隙，从而提供更大的渗透能力。也有部分试验证明植物根系的生长会占据土壤中的空隙空间，从而改变土壤的导水率。

土壤入渗性能与根系生物量密切相关。细根密度≤1 mm 是植物根系影响土壤入渗性能的重要因素；粗壮的深根在降雨初期对降雨入渗也作用明显，单位土壤体积内根系长度和表面积同样对土壤渗透性能有显著影响。除了根系数量外，根系形态也是影响土壤入渗的重要因素，Ghestem 等（2011）总结了根系构型在不同场景对优先流的影响，指出了根系的直径、长度、弯曲度、方向、拓扑结构等都会影响土壤的入渗性能。

9.2 降雨对斜坡的影响

有关降雨诱发浅层滑坡的机制已经进行了大量的研究。降雨型滑坡的发生是一个复杂的岩土和水文过程，斜坡的几何形状、初始状态和土壤的水文力学特性等都会影响斜坡的稳定性。这些过程主要发生在陡峭的地形中，强降雨或长期的降雨，降雨经过斜坡表面不断渗入土壤内部，含水量的增加降低了土壤的基质吸力或产生孔隙水压力，导致土壤的黏聚力减小，下滑力超过了抗滑力，从而引发滑坡。

有关降雨诱发滑坡的机制可以总结为以下两个概念模型：第一个概念模型是以传统的土力学为基础，这个模型强调的是斜坡失稳发生在滑动面饱和后，是由孔隙水压力的出现导致的；第二个模型是以非饱和土力学为基础，这个模型强调的是斜坡失稳出现在土壤尚未饱和或者未出现孔隙水压力的情况下，随着降雨的入渗，在土壤含水量变化的同时土体的应力体系也在不断变化，最后这些变化导致斜坡出现失稳。

9.2.1 降雨入渗研究

降雨型滑坡形成的本质在于雨水下渗后，土壤含水量改变，抗滑力减小，下滑力增加，应力平衡破坏。在降雨条件下的斜坡稳定性分析中，降雨入渗率和土体的导水率是两个重要参数。从野外实际情况来看，通常降雨强度并不等于降雨渗入土壤的速率，因为当降雨强度超过土壤的入渗能力时，来不及下渗的雨水会形成地表径流。

当前研究者们对土体孔隙水分入渗规律的探索已经历了 100 多年的历史，最早的土壤入渗研究的科学理论可以追溯到 1856 年亨利•达西出版的一本关于水资源供应的研究报告，书中指出渗透速度与水力坡降之间的线性关系显著，这就是达西定律。达西定律的提出奠定了土体孔隙水分入渗规律定量研究的基础，其表达式如式（9.1）所示：

$$q = -ki \tag{9.1}$$

式中，k 为渗透系数；q 为渗透速率；i 为水力坡降。

大量的试验证明了该定律在空间各个方向上都有效，随后提出了三维的达西定律：

$$q_x = -k_x(\theta)\frac{\partial H}{\partial x} \tag{9.2}$$

$$q_y = -k_y(\theta)\frac{\partial H}{\partial y} \tag{9.3}$$

$$q_z = -k_z(\theta)\frac{\partial H}{\partial z} \tag{9.4}$$

式中，θ 为体积含水量；H 为水头高度。

之后关于土壤入渗的许多理论和模型被提出和应用，最常用的是 Green-Ampt 模型和 Richards 方程。1911 年，Green 和 Ampt 在毛细管理论的基础上，假设湿润锋前的吸力水头和湿润锋后的土体含水量及相应的渗透系数均是一个常量，它们不会随着时间和空间的变化而变化，在此基础上对达西定律直接进行解析求解，提出了 Green-Ampt 模型：

$$i = k_s \left(1 + \frac{h_0 + s_f}{z} \right) \tag{9.5}$$

$$I = (\theta_s - \theta_0) z \tag{9.6}$$

$$t = \frac{\theta_s - \theta_0}{k_s} \left[z - (h_0 + s_f) \ln\left(\frac{z + s_f + h_0}{s_f + h_0} \right) \right] \tag{9.7}$$

式中，i 为土体入渗率，m/s；I 为累积入渗量，m；h_0 为湿润锋上的吸力水头，m；k_s 为饱和导水率，m/s；s_f 为湿润锋处平均吸力，m；z 为湿润锋的湿度，m；θ_0 为土体的初始含水量，%；θ_s 为土体的饱和含水量，%；t 为时间，s。

Green-Ampt 模型具有形式简单、计算简单方便、在长时间序列入渗计算上精度较高的特点，参数具有实际意义，在土壤水分入渗领域使用广泛，并得到拓展，由一开始的常水头入渗或积水入渗拓展到常降雨入渗和非常降雨入渗。

1931 年，Richards 用试验证明，土壤在非饱和渗流的条件下仍然符合达西定律，而后在三维达西定律的基础上，结合质量守恒定律，提出了 Richards 方程，将土壤入渗研究带入了一个全新的时期，其表达式如式（9.8）所示：

$$\frac{\partial \theta}{\partial t} = \frac{\partial}{\partial x}\left(k_x \frac{\partial H}{\partial x} \right) + \frac{\partial}{\partial y}\left(k_y \frac{\partial H}{\partial y} \right) + \frac{\partial}{\partial z}\left(k_z \frac{\partial H}{\partial z} \right) \tag{9.8}$$

除了以上公式外，关于入渗还提出了一系列的经验公式，如 Kostiakov 模型、Philip 模型、Horton 模型等。这些传统的入渗模型考虑的主要是时间与土体性质的相关性函数，然而土壤入渗是一个多因素影响的复杂过程，土体含水率、坡度、饱和导水率等因素也有必要考虑在内。

9.2.2 降雨条件下的水-力耦合或相互作用

降雨条件下斜坡的状态不仅与孔隙水压力有关，而且与入渗时的应力状态有关。土壤含水量的变化会导致应力状态的变化，应力状态的变化又会改变水力特性来影响入渗过程。

1. 土-水特征曲线

土-水特征曲线是代表吸力与含水量之间关系的数学模型，根据根含水的变化情况，又可以分为吸湿曲线和脱湿曲线。在降雨过程中随着雨水的下渗，含水量增加的过程是一个吸湿的过程，而土壤水分随着蒸发和下渗，含水量减少的过程是一个脱湿的过程。

1964 年，世界上第一个表示吸力与含水量之间关系的土-水特征曲线 BC 模型被 Brooks 和 Corey 提出：

$$\Theta = S_e = \begin{cases} 1 & \psi < \psi_b \\ \left(\dfrac{\psi_b}{\psi} \right)^{\lambda} & \psi \geqslant \psi_b \end{cases} \tag{9.9}$$

式中，Θ 为标准化的含水量；S_e 为土壤水饱和度，%；λ 为土的孔径分布指数；ψ 为进气压力值；ψ_b 为土壤基质吸力。BC 模型的适用性较差，仅粗粒土的较高含水量阶段适用。

1980 年，van Genuchten 提出了 VG 模型，此模型与 BC 模型相比，吸力范围更广，参数更多，与实际情况更接近：

$$\varTheta = S_e = \left[\frac{1}{1+(a\psi)^n} \right]^m \tag{9.10}$$

式中，a、m、n 均为拟合参数。

Fredlund 和 Xing（1994）提出了与土壤孔径相关的 FX 模型：

$$\theta = C(\psi)\theta_s \left\{ \frac{1}{\ln\left[e + \left(\dfrac{\psi}{a} \right)^n \right]} \right\}^m \tag{9.11}$$

式中，$C(\psi)$ 为比水容重；θ_s 为土壤饱和含水量；a、m、n 为拟合参数，a 与进气值有关，m 和 n 与土壤孔径分布有关，影响曲线斜率。当吸力在 $0 \sim 1 \times 10^6$ kPa 时拟合效果更符合实际。

2. 土壤的有效应力

土壤含水量的变化会造成土壤有效应力的改变，关于土壤有效应力的研究最早开始于太沙基有效应力原理，该原理指出土颗粒所传递的应力为总应力与孔隙水压力的差值，该应力是直接决定饱和土强度的主要变量，其表达式如式（9.12）所示：

$$\sigma' = \sigma - u_w \tag{9.12}$$

式中，σ' 为有效应力，kPa；σ 为总应力，kPa；u_w 为孔隙水压力，kPa。

由于太沙基有效应力原理仅适用于饱和状态，后续学者又提出了一系列新的理论。1954 年，毕肖普认识到非饱和条件下，孔隙水压力需要修正后才可以用于计算有效应力，于是提出了毕肖普有效应力参数：

$$\sigma' = \sigma - u_a + \chi(u_a - u_w) \tag{9.13}$$

式中，u_a 为孔隙气压力，kPa；χ 为毕肖普有效应力参数，当土完全干燥时为 0，当土饱和时为 1。

毕肖普有效应力原理保持了太沙基有效应力原理的简单形式，解决了其不适用于非饱和土限制，但是因为参数 χ 的特性难以捉摸，物理意义十分模糊，引起了学界的广泛怀疑，大量研究对其进行了验证和评估。

1962 年，Coleman 提出了两个独立变量的理论，用 u_a-u_w、$\sigma-u_a$ 或 $\sigma-u_w$ 来描述非饱和土的体积变化。虽然独立应力变量理论也被广泛使用，但是由于其概念上的根本缺陷，对非饱和有效应力理论发展的贡献十分有限。

随后在 2004 年 Lu 和 Likos 提出了吸应力原理：

$$\sigma_s = -S_e(u_a - u_w) = -\frac{S - S_r}{1 - S_r}(u_a - u_w) = -\frac{\theta - \theta_r}{\theta_s - \theta_r}(u_a - u_w) \tag{9.14}$$

式中，σ_s 为吸应力，kPa；S_e 为土壤的有效饱和度；S 为土壤的饱和度，是体积含水量与饱和含水量的比值；S_r 为土壤的残余饱和度；θ 为体积含水量，%；θ_s 为土壤饱和体积含水量，%；θ_r 为土壤残余含水量，%；u_a-u_w 为基质吸力，kPa。吸应力原理建立了吸应力与基质吸力或饱和度的函数关系，被广泛地应用于边坡稳定性分析中。

3. 渗透系数模型

有关渗透系数的函数主要分为经验模型、宏观模型和统计模型 3 类。经验模型通常为与饱和渗透系数有关的数学方程，宏观模型一般为幂函数的形式，统计模型假定土体结构由多个毛细管相连构成，它们半径各异，相连互通，土壤水分只能在其中移动。

随后人们对经验模型和宏观模型还进行了一系列的研究。统计模型是一种间接的方法，可以通过试验测量或土–水特征曲线来得到，关于统计模型的研究者有 Mualem、Burdine、Collis-George 等。

9.2.3 降雨条件下的稳定性分析

传统的边坡稳定性分析主要基于极限平衡的概念，即处在稳定和失稳的临界状态，这时斜坡受到的剪应力等于土体的抗剪强度。当抗剪强度大于剪应力时斜坡稳定，剪应力大于抗剪强度时斜坡失稳，二者的比值被称为安全系数。在整个斜坡中安全系数等于 1 的面即为滑动面，在稳定性分析中有的假设滑动面为平面，有的假设滑动面为曲面。无限斜坡面模型假设滑动面是平面且平行于坡面时，卡尔门有限斜坡模型假设滑动面为平面且不平行于坡面，条分法假设滑动面为曲面。

1. 无限斜坡模型

无限斜坡模型假设斜坡无限长，且不考虑斜坡两侧的影响，其示意图如图 9.2 所示。土壤在干燥状态时的安全系数为

$$F_s = \frac{c + \gamma H \cos^2 \beta \tan \varphi}{\gamma H \sin \beta \cos \beta} = \frac{\tan \varphi}{\tan \beta} + \frac{2c}{\gamma H \sin 2\beta} \tag{9.15}$$

式中，F_s 为安全系数；β 为坡度，°；φ 为内摩擦角，°；c 为黏聚力，kPa；H 为土层厚度，m；γ 为土的容重，g/cm³。土壤在饱和状态时的安全系数为

$$F_s = \frac{c' + \left(\gamma H \cos^2 \beta - u_w\right) \tan \varphi'}{\gamma H \sin \beta \cos \beta} = \frac{\tan \varphi'}{\tan \beta} + \frac{2c'}{\gamma H \sin 2\beta} - \frac{u_w \tan \varphi'}{\gamma H \sin 2\beta} \tag{9.16}$$

式中，φ' 为有效内摩擦角，°；c' 为有效黏聚力，kPa；u_w 为孔隙水压力，kPa。非饱和状态下考虑土壤含水量的变化时安全系数为

$$F_s = \frac{\tan \varphi'}{\tan \beta} + \frac{2c'}{\gamma H \sin 2\beta} - \frac{\sigma_s}{\gamma H}(\tan \beta + \cot \beta) \tan \varphi' \tag{9.17}$$

式中，σ_s 为吸应力，kPa。

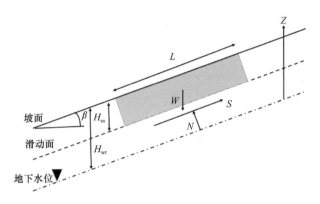

图 9.2　无限斜坡模型示意图（Lu et al.，2013）

W 为单位截面积土的条块重量，kN/m^2；L 为滑动面长度；N 表示法向力；S 表示剪切力；H_{wt} 为地下水位距离坡面的深度；H_{ss} 为滑动面距离坡面的深度；Z 为深度

2. 其他斜坡模型

除了无限斜坡模型外，常见的斜坡模型还有卡尔门有限斜坡模型和条分法等。卡尔门有限斜坡模型适用于有限斜坡而且滑动面不一定平行坡面的斜坡模型，其示意图如图 9.3 所示。可用于计算安全系数为 1 时，斜坡的临界角度或最大高度。条分法是把斜坡划分为若干竖直条块来分析斜坡稳定性的一种方法，其示意图如图 9.4 所示。条分法又可分为瑞典条分法和毕肖普条分法，两者的区别在于是否考虑条块之间的力。

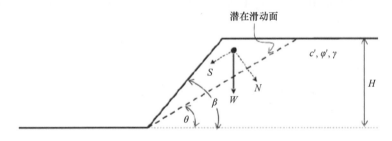

图 9.3　卡尔门有限斜坡模型示意图（Lu et al.，2013）

W 为土的重力；γ 为植被层土体容重；c' 为有效黏聚力；φ' 为有效内摩擦角；β 为坡度；H 为滑动面深度；N 为法向力；S 为剪切力；θ 为潜在滑动面的夹角

3. 基于应力场的有限元分析

传统斜坡稳定性分析主要局限于滑动面形态位置的简化：变饱和流和应力条件的简化。有限元数值模拟应时而生，随着计算机技术逐渐成熟，基于数值模拟手段的植物根系固土机理研究越来越多地被学者采纳，使用 ANSYS、PLAXIS、COMSOL、ABAQUS、FLAC3D、GeoSMA-3D 等工具来模拟边坡问题的研究逐渐兴起，建模也从 2D 发展到 3D。

Ji 等（2012）利用 ABAQUS 软件的二维有限元模型，计算了直线边坡和梯田边坡的安全系数，坡面稳定性分析表明，在不考虑两种地形的水文差异的情况下，梯田边坡的稳定性比直线边坡高 20%。Lepore 等（2013）在现有的基于物理的空间分布生态水文模型中开发了一个名为 tRIBS-VEGGIE 的降雨型滑坡模型。此模型将水文模型与无限坡模型相结合，对许多复杂的水文过程进行了模拟，利用 Richards 方程的数值解，较好地

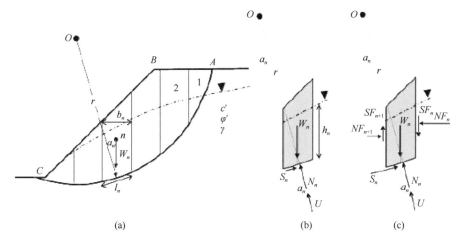

图9.4 条分法示意图

（a）条块划分与受力，n 为土条的编号，W_n 为第 n 个土条的重力，a_n 为第 n 个土条底面切线与水平面的夹角，l_n 为第 n 个土条底面的长度，b_n 为土条宽度，γ 为植被层土体容重，c' 为有效黏聚力，φ' 为有效内摩擦角，r 为滑弧半径，O 为圆心，C、A 分别为滑弧的起终点；（b）瑞典条分法受力分析图，h_n 为中线高度，S_n 为土体底部抗剪力，N_n 为土体底部法向力，U 为土条底面中点处的孔隙水压力；（c）毕肖普条分法受力分析图，NF_n、NF_{n+1} 为条块两侧的法向力，SF_n、SF_{n+1} 为条块两侧的竖向剪切力

反映了土壤水分通过土柱运移的时间演化，正确量化了基质吸力对边坡稳定性的影响，并在评价安全系数时考虑了非饱和条件，为评估降雨引发的滑坡风险创造了一个强大的工具。Li 等（2017）采用数值模拟来研究种植不同根系构型的植物幼苗的坡面土壤应力和压力的变化，结果表明，在降雨条件下，幼树对边坡稳定性的影响较小，仅为3.76%～7.85%，当根系在表土中的分布相似时，对径向应力的抵抗不明显，压力最大值的大小关系为 VH 型>H 型>R 型>V 型>M 型。

但是由于数值模拟缺乏试验验证，数值模拟是否能够真实反映斜坡的实际情况一直是一个争议问题。

参 考 文 献

曹云生, 陈丽华, 刘小光, 等. 2014. 植物根土界面摩擦力的影响因素研究. 摩擦学学报, 34(5): 482-488.

郭肇, 王云琦, 王青兰, 等. 2015. 根系逐渐破坏过程中固土效果研究. 北京林业大学学报, 37(6): 85-92.

黄琨, 万军伟, 陈刚, 等. 2012. 非饱和土的抗剪强度与含水率关系的试验研究. 岩土力学, 33(9): 2600-2604.

姜志强, 孙树林. 2004. 堤防工程生态固坡浅析. 岩石力学与工程学报, 23(12): 2133-2136.

李云鹏, 张会兰, 王玉杰, 等. 2014. 针叶与阔叶树根系对土壤抗剪强度及坡体稳定性的影响. 水土保持通报, 34(1): 40-45.

梁斌, 莫凯. 2010. 不同含水率下重塑红黏土抗剪强度特性的研究. 山西建筑, 36(4): 101-102.

林鸿州, 李广信, 于玉贞, 等. 2007. 基质吸力对非饱和土抗剪强度的影响. 岩土力学, 28(9): 1931-1936.

刘剑锋, 孙吉雄, 安渊, 等. 2009. 不同 pH 值和 Fe^{2+} 胁迫对紫花苜蓿幼苗根系 Fe^{3+} 还原力的影响. 草原与草坪, 1: 003.

刘秀萍, 陈丽华, 宋维峰. 2005. Root-Type: 描述和分析根系结构的一般性模型. 水土保持科技情报, (6): 12-15.

缪林昌, 仲晓晨, 殷宗泽. 1999. 非饱和膨胀土变形规律的试验研究. 大坝观测与土工测试, 23(3): 36-39.

莫菲, 于澎涛, 王彦辉, 等. 2009. 六盘山华北落叶松林和红桦林枯落物持水特征及其截持降雨过程. 生态学报, 29(6): 2868-2876.

石明强. 2007. 高速公路边坡生态防护与植物固坡的力学分析. 武汉: 武汉理工大学.

宋朝枢, 方奇, 邓明全. 1964. 美杨根系特性与形态的初步研究. 林业科学, 3: 256-263.

宋维峰, 陈丽华, 刘秀萍. 2006. 林木根系固土作用数值分析. 北京林业大学学报, 28(S2): 80-84.

田佳, 曹兵, 及金楠, 等. 2015a. 花棒沙柳根与土及土与土界面直剪摩擦试验与数值模拟. 农业工程学报, 31(13): 149-156.

田佳, 曹兵, 及金楠. 2015b. 植物根系固土作用模型研究进展. 中国农学通报, 31(21): 209-219.

王国梁, 刘国彬. 2009. 黄土丘陵区长芒草群落对土壤水分入渗的影响. 水土保持学报, 23(3): 227-231.

向师庆, 赵相华. 1981. 北京主要造林树种的根系研究. 北京林业学院学报, (2): 19-32.

谢春华, 罗辑. 2002. 长江上游暗针叶林生态系统主要树种的根系结构与土体稳定性研究. 水土保持学报, 16(2): 76-79.

解明曙. 1990. 林木根系固坡土力学机制研究. 水土保持学报, 4(3): 7-14.

杨永红, 王成华, 刘淑珍, 等. 2007. 不同植被类型根系提高浅层滑坡土体抗剪强度的试验研究. 水土保持研究, (2): 233-235.

姚喜军, 王林和, 刘静, 等. 2015. 5 种植物侧根分支处的抗拉力学特性研究. 西北农林科技大学学报: 自然科学版, 43(11): 91-98.

张兴玲, 胡夏嵩, 毛小青, 等. 2011. 青藏高原东北部黄土区护坡灌木柠条锦鸡儿根系拉拔摩擦试验研究. 岩石力学与工程学报, (S2): 3739-3745.

郑力文, 刘小光, 涂志华, 等. 2014. 土壤含水率与干密度对油松根–土界面摩擦性能的影响. 中国水土保持科学, 12(6): 36-41.

中国科学院南京土壤研究所. 1978. 土壤理化分析. 上海: 上海科学技术出版社.

朱锦奇, 王云琦, 王玉杰, 等. 2014. 根系主要成分含量对根固土效能的影响. 水土保持通报, 34(3):

166-170, 177.

Abe K, Ziemer R R. 1991. Effect of tree roots on a shear zone: Modeling reinforced shear stress. Canadian Journal of Forest Research, 21(7): 1012-1019.

Abernethy B, Rutherfurd I D. 2001.The distribution and strength of riparian tree roots in relation to riverbank reinforcement. Hydrological Processes, 15(1): 63-79.

Ammann M, Böll A, Rickli C, et al. 2009. Significance of tree root decomposition for shallow landslides. Forest Snow and Landscape Research, 82: 79-94.

Anderson C J, Coutts M P, Ritchie R M, et al. 1989. Root extraction force measurements for Sitka spruce. Forestry: An International Journal of Forest Research, 62(2): 127-137.

Archer R R. 1987. Growth Stresses and Strains in Trees. Berlin Heidelberg: Springer-Verlag.

Averjanov S F. 1950. About permeability of subsurface soils in case of incomplete saturation. English Collection, 7: 19-21.

Bischetti G B, Chiaradia E A, Epis T, et al. 2009. Root cohesion of forest species in the Italian Alps. Plant and Soil, 324(1-2): 71-89.

Bischetti G B, Chiaradia E A, Simonato T, et al. 2005. Root strength and root area ratio of forest species in Lombardy(Northern Italy). Plant and Soil, 278(1-2): 11-22.

Böhm W. 2012. Methods of Studying Root Systems. Berlin: Springer Science & Business Media.

Bourrier F, Kneib F, Chareyre B, et al. 2013. Discrete modeling of granular soils reinforcement by plant roots. Ecological Engineering, 61: 646-657.

Brooks R H, Corey A T. 1964. Hydraulic Properties of Porous Media. Fort Collins: Colorado State University.

Burylo M, Hudek C, Rey F. 2011. Soil reinforcement by the roots of six dominant species on eroded mountainous marly slopes(Southern Alps, France). Catena, 84(1): 70-78.

Casper B B, Schenk H J, Jackson R B. 2003. Defining a plant's belowground zone of influence. Ecology, 84(9): 2313-2321.

Chiatante D, Scippa S G, Di Iorio A, et al.2002. The influence of steep slopes on root system development. Journal of Plant Growth Regulation, 21(4): 247-260.

Coleman J D.1962.Stress/strain relations for partly saturated soil, correspondence. Geotechnique,12(4): 348-350.

Coleman M D, Hinckley T M, McNaughton G, et al. 1992. Root cold hardiness and native distribution of subalpine conifers. Canadian Journal of Forest Research, 22(7): 932-938.

Coppin N J, Richards I G. 1990. Use of Vegetation in Civil Engineering. London: Butterworths.

Coutts M P. 1983. Root architecture and tree stability//Tree Root Systems and Their Mycorrhizas. Dordrecht: Springer: 171-188.

Crook M J, Ennos A R. 1996. The anchorage mechanics of deep rooted larch, Larix Europea× L. japonica. Journal of Experimental Botany, 47(10): 1509-1517.

Daniels H E. 1945. The statistical theory of the strength of bundles of threads. I . Proceedings of the Royal Society of London A: Mathematical, Physical and Engineering Sciences. The Royal Society, 183(995): 405-435.

de Baets S, Poesen J, Reubens B, et al. 2008. Root tensile strength and root distribution of typical Mediterranean plant species and their contribution to soil shear strength. Plant and Soil, 305(1-2): 207-226.

Docker B B, Hubble T C T. 2008. Quantifying root-reinforcement of river bank soils by four Australian tree species. Geomorphology, 100(3): 401-418.

Dupuy L, Fourcaud T, Stokes A, et al. 2005. A density-based approach for the modelling of root architecture: Application to Maritime pine (Pinus pinaster Ait.) root systems. Journal of theoretical biology, 236(3): 323-334.

Ekanayake J C, Phillips C J. 1999. A method for stability analysis of vegetated hillslopes: An energy approach. Canadian Geotechnical Journal, 36(6): 1172-1184.

Fan C C, Chen Y W. 2010. The effect of root architecture on the shearing resistance of root-permeated soils. Ecological Engineering, 36(6): 813-826.

Fan C C, Su C F. 2008. Role of roots in the shear strength of root-reinforced soils with high moisture content. Ecological Engineering, 33(2): 157-166.

Fan C C. 2012. A displacement-based model for estimating the shear resistance of root-permeated soils. Plant and Soil, 355(1): 103-119.

Fitter A H. 1987. An architectural approach to the comparative ecology of plant root systems. New Phytologist, 106: 61-77.

Fredlund D G, Morgenstern N R, Widger R A. 1978. The shear strength of unsaturated soils. Canadian Geotechnical Journal, 15(3): 313-321.

Fredlund D G, Xing A. 1994. Equations for the soil-water characteristic curve. Canadian Geotechnical Journal, 31(4): 521-532.

Garg A, Coo J L, Ng C W W. 2015. Field study on influence of root characteristics on soil suction distribution in slopes vegetated with cynodon dactylon and schefflera heptaphylla. Earth Surface Processes and Landforms, 40(12): 1631-1643.

Genet M, Stokes A, Salin F, et al. 2007. The influence of cellulose content on tensile strength in tree roots. Plant and Soil, 278(1): 1-9.

George E, Seith B, Schaeffer C, et al. 1997. Responses of Picea, Pinus and Pseudotsuga roots to heterogeneous nutrient distribution in soil. Tree Physiology, 17(1): 39-45.

Ghestem M, Sidle R C, Stokes A. 2011. The influence of plant root systems on subsurface flow: Implications for slope stability. Bioscience, 61(11): 869-879.

Ghestem M, Veylon G, Bernard A, et al. 2014. Influence of plant root system morphology and architectural traits on soil shear resistance. Plant and Soil, 377(1-2): 43-61.

Giadrossich F, Schwarz M, Cohen D, et al. 2013. Mechanical interactions between neighbouring roots during pullout tests. Plant and Soil, 367(1-2): 391-406.

Gray D H, Barker D. 2004. Root-soil mechanics and interactions, riparian vegetation and fluvial geomorphology. Water Science Applicaton, 8: 113-123.

Gray D H, Barker D. 2013. Root-soil mechanics and interactions// Riparian Vegetation and Fluvial Geomorphology. Washington: American Geophysical Union (AGU).

Gray D H, Megahan W F. 1981. Forest vegetation removal and slope stability in the Idaho batholith. Missoula: USDA Forest Service (USA).

Gray D H, Ohashi H.1983.Mechanics of fiber reinforcement in sand. Journal of Geotechnical Engineering, 109(3): 335-353.

Gray D H, Sotir R B. 1996. Biotechnical and Soil Bioengineering Slope Stabilization: A Practical Guide for Erosion Control. Hoboken: John Wiley & Sons.

Greenway D R. 1987. Vegetation and slope stability//Slope stability: Geotechnical engineering and geomorphology. Hoboken: John Wiley & Sons: 187-230.

Greenwood J R, Norris J E. 2004. Assessing the contribution of vegetation to slope stability. Proceedings of the Institution of Civil Engineers: Geotechnical Engineering, 157(4): 199-207.

Gregory P J. 2006. Roots, rhizosphere and soil: The route to a better understanding of soil science? European Journal of Soil Science, 57(1): 2-12.

Gyssels G, Poesen J, Bochet E, et al. 2005. Impact of plant roots on the resistance of soils to erosion by water: A review. Progress in Physical Geography, 29(2): 189-217.

Hales T C, Cole-Hawthorne C, Lovell L, et al. 2013. Assessing the accuracy of simple field based root strength measurements. Plant and Soil, 372(1-2): 553-565.

Hales T C, Miniat C F. 2017. Soil moisture causes dynamic adjustments to root reinforcement that reduce slope stability. Earth Surface Processes and Landforms, 42(5): 803-813.

Hathaway R L, Penny D. 1975. Root strength in some Populus and Salix clones. New Zealand Journal of Botany, 13(3): 333-344.

Hidalgo R C, Kun F, Herrmann H J. 2001. Bursts in a fiber bundle model with continuous damage. Physical Review E, 64(6): 066122.

Horton R E. 1933. The role of infiltration in the hydrologic cycle. Eos Transactions American Geophysical

Union, 14(1): 446-460.

Huang J, Wu P T, Zhao X N. 2012. Effects of rainfall intensity underlying surface and slope gradient on soil infiltration under simulated rainfall experiments. Catena, 104: 93-102.

Jansson K J, Wästerlund I. 1999. Effect of traffic by lightweight forest machinery on the growth of young Picea abies trees. Scandinavian Journal of Forest Research, 14(6): 581-588.

Ji J, Kokutse N, Genet M, et al. 2012. Effect of spatial variation of tree root characteristics on slope stability. A case study on Black Locust(Robinia pseudoacacia)and Arborvitae(Platycladus orientalis)stands on the Loess Plateau, China. Catena, 92: 139-154.

Johnsen K, Maier C, Kress L. 2005. Quantifying root lateral distribution and turnover using pine 3 trees with a distinct stable carbon isotope signature. Functional Ecology, 19(1): 81-87.

Keim R F, Skaugset A E. 2003. Modelling effects of forest canopies on slope stability. Hydrological Processes, 17: 1457-1467.

Kim J H, Fourcaud T, Jourdan C, et al. 2017. Vegetation as a driver of temporal variations in slope stability: The impact of hydrological processes. Geophysical Research Letters, 44: 4896-4907.

Kostiakov A N. 1932. On the dynamics of the coefficient of water-percolation in soils and on the necessity of studying it from a dynamic point of view for purposes of amelioration. Transactions of 6th Committee International Society of Soil Science: 17-21.

Lepore C, Arnone E, Noto L V, et al. 2013. Physically based modeling of rainfall-triggered landslides: A case study in the Luquillo forest, Puerto Rico. Hydrology and Earth System Sciences Discussions, 10(1): 1333-1373.

Li Y, Wang Y, Ma C, et al. 2016. Influence of the spatial layout of plant roots on slope stability. Ecological Engineering, 91: 477-486.

Li Y, Wang Y, Wang Y, et al. 2017. Effects of root spatial distribution on the elastic-plastic properties of soil-root blocks. Scientific Reports, 7(1): 800.

Lin H, Li G, Yu Y, et al. 2007. Influence of matric suction on shear strength behavior of unsaturated soils. Yantu Lixue/Rock and Soil Mechanics, 28(9): 1931-1936.

Loades K W, Bengough A G, Bransby M F, et al. 2010. Planting density influence on fibrous root reinforcement of soils. Ecological Engineering, 36(3): 276-284.

Lu N, Kaya M, Collins B D, et al. 2013. Hysteresis of unsaturated hydromechanical properties of a silty soil. Journal of Geotechnical & Geoenvironmental Engineering, 139(3): 507-510.

Lu N, Likos W J, et al.2004.Unsaturated Soil Mechanics. Hoboken, New Jersey, USA: John Wiley & Sons.

Mao Z, Yang M, Bourrier F, et al. 2014. Evaluation of root reinforcement models using numerical modelling approaches. Plant and Soil, 381(1-2): 249-270.

Mattia C, Bischetti G B, Gentile F. 2005. Biotechnical characteristics of root systems of typical Mediterranean species. Plant and Soil, 278(1-2): 23-32.

Mcguire L A, Rengers F K, Kean J W, et al. 2016. Elucidating the role of vegetation in the initiation of rainfall－induced shallow landslides: Insights from an extreme rainfall event in the Colorado Front Range. Geophysical Research Letters, 43(17): 9084-9092.

Norris J E, Alexia S, Slobodan B M, et al. 2008. Slope Stability and Erosion Control: Ecotechnological Solutions. Berlin: Springer Science & Business Media.

O'Loughlin C L. 1973. Geography and public policy. Policy Studies Review Annual, 1(1): 35-38.

O'Loughlin C L. 1974. A study of tree root strength deterioration following clearfelling. Canadian Journal of Forest Research, 4(1): 107-113.

O'Loughlin C L, Watson A. 1979. Root-wood strength deterioration in radiata pine after clear felling. New Zealand Journal of Forestry Science, 9(3): 284-293.

Operstein V, Frydman S. 2000. The influence of vegetation on soil strength. Proceedings of the Institution of Civil Engineers: Ground Improvement, 4(2): 81-89.

Oppelt A L, Kurth W, Godbold D L. 2001. Topology, scaling relations and Leonardo's rule in root systems from African tree species. Tree Physiology, 21(2-3): 117-128.

Osman N, Barakbah S S. 2006. Parameters to predict slope stability—Soil water and root profiles. Ecological

Engineering, 28(1): 90-95.

Peirce F T. 1926. Tensile tests for cotton yarns-"the weakest link" theorems on the strength of long and of composite specimens. Journal of The Textile Institute, 17: T355-368.

Pollen N. 2007. Temporal and spatial variability in root reinforcement of streambanks: Accounting for soil shear strength and moisture. Catena, 69(3): 197-205.

Pollen N, Simon A. 2005. Estimating the mechanical effects of riparian vegetation on stream bank stability using a fiber bundle model. Water Resources Research, 41(7): 233-245.

Pollen-Bankhead N, Simon A. 2010. Hydrologic and hydraulic effects of riparian root networks on streambank stability: Is mechanical root-reinforcement the whole story? Geomorphology, 116(3-4): 353-362.

Preti F. 2013. Forest protection and protection forest: Tree root degradation over hydrological shallow landslides triggering. Ecological Engineering, 61: 633-645.

Preti F, Giadrossich F. 2009. Root reinforcement and slope bioengineering stabilization by Spanish Broom (Spartium junceum L.). Hydrology & Earth System Sciences Discussions, 6(3): 1713-1726.

Rahardjo H, Satyanaga A, Leong E C, et al. 2014. Performance of an instrumented slope covered with shrubs and deep-rooted grass. Soils & Foundations, 54(3): 417-425.

Richard E, Douglas B C. 2003. Developments in the MOSES 2 land-surface model for PILPS 2e. Global and Planetary Change, 38(1): 161.

Richards L A. 1931. Capillary conduction of liquids through porous mediums. Physics, 1(5): 318-333.

Schwarz M, Cohen D, Or D. 2010a. Root-soil mechanical interactions during pullout and failure of root bundles. Journal of Geophysical Research: Earth Surface, 115: 1-19.

Schwarz M, Cohen D, Or D. 2011. Pullout tests of root analogs and natural root bundles in soil: Experiments and modeling. Journal of Geophysical Research: Earth Surface, 116: 1-14.

Schwarz M, Giadrossich F, Cohen D. 2013. Modeling root reinforcement using a root-failure Weibull survival function. Hydrology and Earth System Sciences, 17(11): 4367-4377.

Schwarz M, Lehmann P, Or D. 2010b. Quantifying lateral root reinforcement in steep slopes–from a bundle of roots to tree stands. Earth Surface Processes and Landforms, 35(3): 354-367.

Schwarz M, Preti F, Giadrossich F, et al. 2010c. Quantifying the role of vegetation in slope stability: A case study in Tuscany(Italy). Ecological Engineering, 36(3): 285-291.

Sidle R C, Ziegler A D. 2017. The canopy interception–landslide initiation conundrum: Insight from a tropical secondary forest in northern Thailand. Hydrology and Earth System Sciences, 21(1): 651-667.

Simon A, Collison A J C. 2002. Quantifying the mechanical and hydrologic effects of riparian vegetation on streambank stability. Earth Surface Processes and Landforms, 27(5): 527-546.

Sjöström E. 1981. Wood Chemistry: Fundamentals and Applications. San Diego: Second Edition Academic Press Inc.

Smit A L, George E, Groenwold J. 2000. Root observations and measurements at(transparent)interfaces with soil//Root Methods. Heidelberg: Springer.

Stokes A, Atger C, Bengough A G, et al. 2009. Desirable plant root traits for protecting natural and engineered slopes against landslides. Plant and Soil, 324(1-2): 1-30.

Strong W L, Roi G H L. 1983. Root-system morphology of common boreal forest trees in Alberta, Canada. Canadian Journal of Forest Research, 13(6): 1164-1173.

Terwilliger V J. 1990. Effects of vegetation on soil slippage by pore pressure modification. Earth Surface Processes and Landforms, 15(6): 553-570.

Terwilliger V J, Waldron L J. 1991. Effects of root reinforcement on soil-slip patterns in the transverse ranges of Southern California. Geological Society of America Bulletin, 103(6): 775-785.

Thomas R E, Pollen-Bankhead N. 2010. Modeling root-reinforcement with a fiber-bundle model and Monte Carlo simulation. Ecological Engineering, 36(1): 47-61.

Tosi M. 2007. Root tensile strength relationships and their slope stability implications of three shrub species in the Northern Apennines(Italy). Geomorphology, 87(4): 268-283.

van Genuchten M T. 1980. A closed-form equation for predicting the hydraulic conductivity of unsaturated soils. Soil Science Society of America Journal, 44(5): 892-898.

van Noordwijk M, Spek L Y, de Willigen P. 1994. Proximal root diameter as predictor of total root size for fractal branching models. Plant and Soil, 164(1): 107-117.

Vergani C, Chiaradia E A, Bassanelli C, et al. 2014. Root strength and density decay after felling in a Silver Fir-Norway Spruce stand in the Italian Alps. Plant and Soil, 377(1-2): 63-81.

Vergani C, Schwarz M, Soldati M, et al. 2016. Root reinforcement dynamics in subalpine spruce forests following timber harvest: A case study in Canton Schwyz, Switzerland. Catena, 143: 275-288.

Vergani C, Werlen M, Conedera M, et al. 2017. Investigation of root reinforcement decay after a forest fire in a Scots pine (Pinus sylvestris) protection forest. Forest Ecology and Management, 400: 339-352.

Waldron L J. 1977. The shear resistance of root-permeated homogeneous and stratified soil. Soil Science Society of America Journal, 41(5): 843-849.

Waldron L J, Dakessian S. 1981. Soil reinforcement by roots: Calculation of increased soil shear resistance from root properties. Soil Science, 132(6): 427-435.

Watson A J, Marden M, Rowan D. 1997. Root-wood strength deterioration in kanuka after clearfelling. New Zealand Journal of Forestry Science, 27(2): 205-215.

Watson A, Phillips C, Marden M. 1999. Root strength, growth, and rates of decay: Root reinforcement changes of two tree species and their contribution to slope stability. Plant and Soil, 217(1): 39-47.

Wilde S A. 1958. Forest Soils: Their Protection and Relation to Silviculture. New York: Ronald Press.

Willatt S T, Sulistyaningsih N. 1990. Effect of plant roots on soil strength. Soil and Tillage Research, 16(4): 329-336.

Wu T H. 1976. Investigation of Landslides on Prince of Wales Island, Alaska. Columbus: Ohio State University.

Wu T H, Watson A. 1998. In situ shear tests of soil blocks with roots. Canadian Geotechnical Journal, 35(4): 579-590.

Wu T H, McKinnell III W P, Swanston D N. 1979. Strength of tree roots and landslides on Prince of Wales Island, Alaska. Canadian Geotechnical Journal, 16(1): 19-33.

Yen C P. 1987. Tree root patterns and erosion control//International Workshop on Soil Erosion and Its Countermeasures. Bangkok: Soil and Water Conservation Society of Thailand: 92-111.

Zhang Q, Chen H, Fan B, et al. 2014. Root and root canal morphology in maxillary second molar with fused root from a native Chinese population. Journal of Endodontics, 40(6): 871-875.

Ziemer R R. 1981. Roots and the stability of forested slopes//Proceedings of the International Symposium on Erosion and Sediment Transport in Pacific Rim Steeplands. Christchurch: NZ Int. Assn. Hydrol.

Ziemer R R. 1981. Storm flow response to road building and partial cutting in small streams of northern California. Water Resources Research, 17(4): 907-917.